冶金工业出版社

普通高等教育“十四五”规划教材

特种设备安全

主编　白智明　王　辉

北　京
冶金工业出版社
2024

内 容 提 要

特种设备安全是国家安全生产的重要组成部分。全书共 3 章，第 1 章绪论，第 2 章承压类特种设备安全，第 3 章机电类特种设备安全。书中较全面地介绍了特种设备的基础知识、安全装置、检验检测、安全使用、安全管理等方面内容。

本书可作为高等院校安全工程相关专业的教材，也可作为特种设备从业人员的培训教材，是进行特种设备安全管理的实用参考书。

图书在版编目(CIP)数据

特种设备安全/白智明，王辉主编. —北京：冶金工业出版社，2023. 8 (2024. 11 重印)

普通高等教育“十四五”规划教材

ISBN 978-7-5024-9582-4

Ⅰ. ①特… Ⅱ. ①白… ②王… Ⅲ. ①设备安全—高等学校—教材 Ⅳ. ①X93

中国国家版本馆 CIP 数据核字（2023）第 137436 号

特种设备安全

出版发行	冶金工业出版社	**电　　话**	(010)64027926
地　　址	北京市东城区嵩祝院北巷 39 号	**邮　　编**	100009
网　　址	www. mip1953. com	**电子信箱**	service@ mip1953. com

责任编辑 夏小雪 美术编辑 吕欣童 版式设计 郑小利

责任校对 葛新霞 责任印制 禹 蕊

三河市双峰印刷装订有限公司印刷

2023 年 8 月第 1 版，2024 年 11 月第 3 次印刷

710mm×1000mm 1/16；14. 25 印张；243 千字；217 页

定价 42. 00 元

投稿电话 (010)64027932 投稿信箱 tougao@cnmip. com. cn

营销中心电话 (010)64044283

冶金工业出版社天猫旗舰店 yjgycbs. tmall. com

(本书如有印装质量问题，本社营销中心负责退换)

前　言

特种设备是对人身和财产安全有较大危险性的设备和设施的统称，是国民经济和社会发展的重要基础装备，一旦发生事故，容易造成群死群伤、重大经济损失和较大社会影响。特种设备安全是国家安全生产的重要组成部分。因此，作为特种设备的从业人员，需要了解特种设备的安全技术和安全管理相关知识，确保特种设备的安全运行，保障生产生活安全。

本书以《中华人民共和国特种设备安全法》，以及相关法律、法规、标准为依据，对八类特种设备做了较为全面的介绍，旨在为高等院校安全工程专业本科生、研究生提供教学用书，培养学生在特种设备安全技术和管理方面的专业技能。同时，可作为特种设备技术人员和管理人员的参考用书。

本书由白智明、王辉编写，编写工作的分工如下：第1章（绪论）由白智明编写，第2章（承压类特种设备安全）由王辉、白智明编写，第3章（机电类特种设备安全）由白智明、王辉编写。研究生吴寒冰、安冰倩、王琪、程红梅、张强也参与了本书的编写与审校工作。尤飞教授、黄志安教授和安静副教授对全书内容进行了审定。

本书的编写和出版工作得到了北京科技大学教材建设经费的资助。同时，在编写过程中参考了本领域的知名学者的著作，在此对相关作者表示衷心的感谢。

由于编者水平所限，书中不妥之处，恳请读者批评指正。

编　者

2023年5月

目　录

1 绪 论

1.1 特种设备概述

1.1.1 特种设备的概念

特种设备是对人身和财产安全有较大危险性的设备和设施的统称，根据《中华人民共和国特种设备安全法》中的定义，包括：锅炉、压力容器（含气瓶）、压力管道、电梯、起重机械、客运索道、大型游乐设施、场（厂）内专用机动车辆，以及法律、行政法规规定适用《中华人民共和国特种设备安全法》的其他特种设备。

特种设备是国民经济和社会发展的重要基础装备，一旦发生事故或者故障，不仅会造成人员伤亡和财产损失，同时会产生恶劣的社会影响。因其本身固有的危险性和公共安全属性，国际上对锅炉、压力容器、压力管道、电梯、起重机械、客运索道、大型游乐设施、场（厂）内专用机动车辆等设备均实行特殊监管，以保障安全，但是并没有形成“特种设备”的统一概念。

特种设备是我国的一个专有名词，来源于国家对其实行的强制性安全监察与监督管理。随着纳入安全监察的设备范围不断扩展，特种设备的概念也一直在发生变化。1955 年，我国仅对锅炉、压力容器、起重机械实施安全监察。至 1997 年，《上海市劳动保护监察条例》才第一次有了“特种设备”的提法。2000 年 6 月 29 日，国家质量技术监督局发布的第 13 号令《特种设备质量监督与安全监察规定》中指出“特种设备是指由国家认定的，因设备本身和外在因素的影响容易发生事故，并且一旦发生事故会造成人身伤亡及重大经济损失的危险性较大的设备。包括电梯、起重机械、厂内机动车辆、客运索道、游艺机和游乐设施、防爆电气设备等。”2003 年 3 月 11 日，国务院公布的第 373 号令《特种设备安全监察条例》结束了“锅容管特”概念使用的历史，明确“特种设备是指涉及生命安全、危险性较大的锅炉、压力容器（含气瓶）、压力管道、电梯、起重机械、客运索道、大型游乐设施。”2009 年 1 月 14 日通过的中华人民共和国国务院令第 549 号《国务院关于修改〈特种设备安全监察条例〉的决定》，则进一步将场（厂）内专用机动车辆纳入特种设备范围，至此形成特种设备八大种类的格局。2013 年 6 月 29 日发布的中华人民共和国主席令第四号《中华人民共和国特种设备安全法》，首次以国家法律条文的形式阐释了特种设备的概念：“特种设备，是指对人身和财产安全有较大危险性的锅炉、压力容器（含气瓶）、压力管道、电梯、起重机械、客运索道、大型游乐设施、场（厂）内专用机动车辆，以及法律、行政法规规定适用本法的其他特种设备。”

1.1.2 特种设备的特点及分类

特种设备具有以下三个基本特征：

一是其概念由国家立法确定，既包括通常意义上的“八类设备”，也包括“其他法律、行政法规规定适用本法的其他特种设备”。

二是其本质是“对人身和财产安全有较大危险性”，即特种设备一旦发生事故，容易造成群死群伤、重大经济损失和较大社会影响。

三是其范围由国家实行目录管理，即以概念和本质为依据，采用目录的形式明确纳入监管范围的特种设备。根据国家质量监督检验检疫总局公告 2014 年第 114 号《关于修订〈特种设备目录〉的公告》，特种设备包括 10 个种类，48 个类别，99 个品种。军事装备、核设施、航空航天器使用的特种设备不纳入目录管理。

特种设备具有在高温、高压、高空、高速条件下运行的特点。根据结构不同，主要分为承压类特种设备和机电类特种设备两大类。承压类特种设备包括锅炉、压力容器（含气瓶）、压力管道；机电类特种设备包括电梯、起重机械、客运索道、大型游乐设施、场（厂）内专用机动车辆。

工业特种设备主要是指锅炉、压力容器（含气瓶）、压力管道等承压类特种设备和电梯、起重机械、场（厂）内专用机动车辆等机电类特种设备，以及所属的安全附件、安全保护装置和与安全保护装置相关的设施等。

1.1.3 特种设备的现状及发展

特种设备涉及社会生产和人民生活的各个领域和方方面面。其中，锅炉号称工业生产的“心脏”，压力容器和压力管道被视作石油化工产业的“命脉”，起重机械、场（厂）内专用机动车辆成为支撑工业、交通业、建筑业等主要产业的“骨干”，燃气管道、热力管道是贯穿现代城市的“生命线”，电梯、大型游乐设施、客运索道、气瓶等则与广大人民群众对美好生活的追求息息相关。

特种设备是工业生产的重要基础装备，是民生保障的重要设备和设施。在一定程度上，特种设备的数量和增长率，代表一个国家或地区的经济发展水平。如图1-1所示，从2012年至2021年，我国特种设备数量每年以超过10%的速度增长，特种设备增长率与国内生产总值增长率成正比。

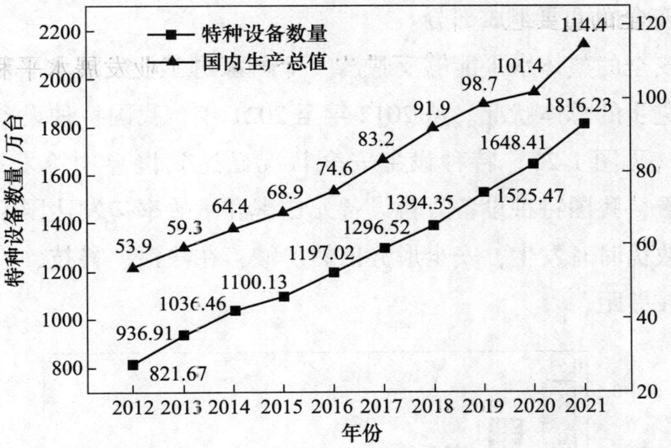

图1-1 2012—2021年特种设备数量（不含压力管道、气瓶）与国内生产总值情况

随着我国科技进步和人民生活水平的提高，特种设备不仅在数量上呈上升趋势，而且在科技含量和使用功能方面有了长足的发展，如国家长输油气管线和城市燃气管网、战略石油和天然气储备库、大型煤化工装置、千万吨炼油和百万吨乙烯等重大石化成套装置、超临界和超超临界大型火电机组等重大工程的建设，以及需要超大吨位吊运作业的国家重大工程项目、超高层楼宇、更加新奇刺激游乐设备和更大跨度更大运量景区载人设备的建设和建造等。未来，特种设备将向着大型化、复杂化、高参数、高风险方向发展。

1.2 特种设备安全概述

1.2.1 特种设备安全现状

特种设备安全是国家安全生产的重要组成部分。锅炉、压力容器、压力管道是生产和生活中广泛使用的，有泄漏、爆炸危险性的特种设备。电梯、起重机械、客运索道、大型游乐设施、场（厂）内机动车辆作为载人的特种设备，一旦运转失灵，往往会造成人身伤害事故。特种设备的质量可靠性及其安全运行和使用，不仅直接关系到人民群众的生命、健康和财产安全，也关系到国家经济运行安全和社会稳定。如 2013 年 11 月 22 日青岛输油管道爆炸事故等，不仅造成严重后果，而且产生重大社会影响。随着经济社会发展和人民群众对生活质量要求的提高，特种设备的安全工作已经从传统的生产安全，扩展到社会公共安全，成为国家公共安全的重要组成部分。

特种设备安全的整体水平能够反映出一个国家的工业发展水平和国民经济发展、社会技术进步的总体状况。从 2012 年至 2021 年，我国特种设备万台设备死亡率逐年下降（见图 1-2），特种设备安全状况已达到世界中等发达国家水平。但是，总体上看，我国特种设备万台设备死亡率和事故率与发达国家相比仍然较高，重特大事故仍时有发生，安全形势依然严峻，在法治、科技、投入、管理等诸多方面还存在差距。

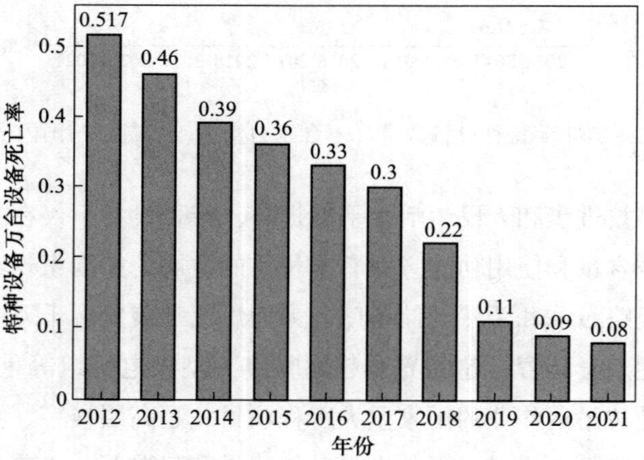

图 1-2　2012—2021 年特种设备万台设备死亡率曲线图

1.2.2　特种设备安全监督管理

国家对特种设备的生产（包括设计、制造、安装、改造、修理）、经营、使用，实施分类的、全过程的安全监督管理。

特种设备安全监督管理包括：特种设备安全监督管理部门对特种设备生产、

经营、使用单位和检验、检测机构实施的监督检查、行政执法和行政许可的实施、事故的调查处理等。

国务院负责特种设备安全监督管理的部门对全国特种设备安全实施监督管理。县级以上地方各级人民政府负责特种设备安全监督管理的部门对本行政区域内特种设备安全实施监督管理。铁路机车、海上设施和船舶、矿山井下使用的特种设备以及民用机场专用设备安全的监督管理，房屋建筑工地、市政工程工地用起重机械和场（厂）内专用机动车辆的安装、使用的监督管理，由有关部门依照本法和其他有关法律的规定实施。

特种设备安全工作坚持安全第一、预防为主、节能环保、综合治理的原则。我国对特种设备实行安全监察制度。特种设备安全监察是指负责特种设备安全的政府行政机关，为实现特种设备安全目的而从事的决策、组织、管理和监督检查等活动的总和。特种设备安全监察主要包括特种设备安全监察管理体制、行政许可、监督检查、事故处理和责任追究等内容，对特种设备从设计、制造、安装、改造、维修、检验、使用、报废实施全生命周期监管。

1.2.2.1 特种设备安全监察机构的发展

1955 年 4 月 25 日，国营天津第一棉纺厂发生锅炉爆炸事故，造成 8 人死亡，17 人重伤，52 人轻伤，工厂停工 280h，经济损失 37 万元。这是新中国成立后的第一起较大的锅炉事故，引起了国务院的高度重视，促发了我国锅炉安全监察机构的成立。同年 6 月，仿照苏联安全监察模式，国务院批准劳动部下设国家锅炉检查总局，开始对锅炉、压力容器等设备进行专门监督管理，成为我国以国家机构进行特种设备安全监察工作的开端。之后，我国特种设备安全监察机构经历了 1958 年的削弱、1963 年的重建、1966 年的撤销和 1975 年的恢复。

1978 年，随着工业生产的恢复，全国共发生锅炉、压力容器重大事故 650 起。1979 年，河南南阳柴油机厂浴室热交换器爆炸、浙江温州电化厂液氯钢瓶爆炸、吉林省煤气公司液化石油气厂 400m^3 球罐火灾等 3 起特别重大事故的连续发生，引起了国务院的高度重视。同年，国务院批准在国家劳动总局恢复锅炉安全监察局。1982 年，锅炉安全监察局更名为锅炉压力容器安全监察局。1993 年，原劳动部将锅炉压力容器安全监察局和职业安全卫生监察局合并。1998 年，原劳动部的特种设备安全监察职能整体划转到原国家质量技术监督局。2001 年，国家质检总局成立。2004 年，锅炉压力容器安全监察局更名为特种设备安全监察局。

目前，国家市场监督管理总局、省级、市级和部分经济发达县级质检部门均设置特种设备安全监察机构。国家市场监督管理总局以特种设备安全监察工作的决策、组织为主，如宏观决策特种设备安全监察工作方针、政策，制定工作规划和安全技术规范，组织重大活动等；省级市场监督管理局以安全管理为主，如制定区域特种设备安全工作计划，实施特种设备行政许可等；市、县级市场监督管理部门以控制和监督检查为主，如对特种设备实施使用登记，开展现场安全监察等。特种设备安全监察体制如图 1-3 所示。

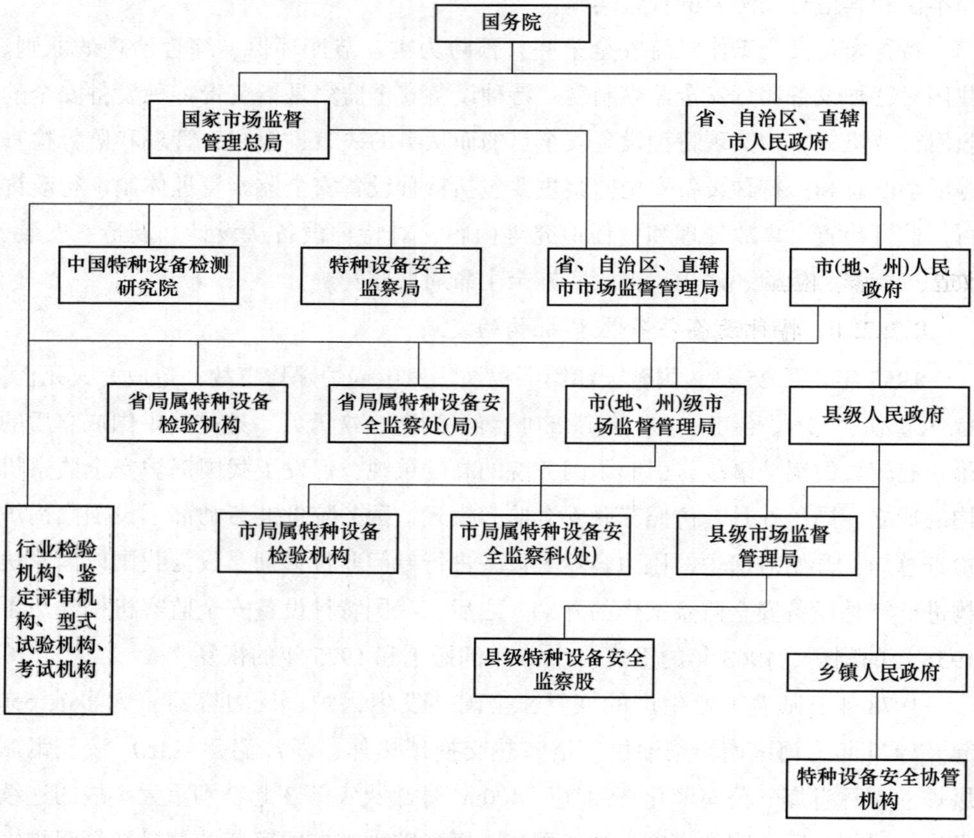

图 1-3 特种设备安全监察体制

1.2.2.2 特种设备安全监察基本制度

按照事前监管、事中监管、事后监管相结合的原则，特种设备安全监察的基本制度是行政许可和监督检查。

行政许可制度主要是对特种设备设计、制造、安装改造维修、检验检测单位或机构进行许可，对特种设备检验检测人员、作业人员进行考核，对特种设备进行使用登记。

监督检查制度主要有强制检验制度、现场监察制度、事故调查处理制度、安全责任追究制度、安全状况公布制度等。

1.2.2.3 特种设备安全监察基本做法

A “三位一体”，多元共治

以企业为特种设备安全责任主体、以政府行使安全监管职责和社会发挥监督作用，形成“三位一体”、多元共治的特种设备安全工作模式。其中，特种设备生产、经营、使用单位的安全责任是第一位的。

B 预防为主

从生产源头把关：通过行政许可和制造过程监督检验，确保特种设备优生。

从使用登记把关：确保特种设备及时纳入安全监察范围，处于有效监管之中。

从定期检验把关：确保特种设备保持良好运行状况。

从人员素质把关：增强特种设备生产、使用、检验、管理等相关人员的素质。

从规范管理把关：促进各项特种设备安全制度的完善和实施。

C 突出“两防”

一是防止重特大事故。实行重点设备、重点领域、重点行业严格监管，实行专项整治、重大隐患整治。如锅炉、压力容器、压力管道等参数越高，事故后果越大；电站锅炉、长输管道，一旦发生事故，将造成大范围停电、停气，严重影响正常的生产、生活；危险化学品承压设备一旦发生爆炸、泄漏，还将导致大范围人员转移；施工现场的大型起重机械，一旦发生事故，将造成群死群伤。

二是防止重特大影响事件。随着经济社会的快速发展，社会对安全水平的要求越来越高，对事故的可接受程度越来越低。电梯、气瓶作为人们生活的重要工具，大型游乐设施、客运索道作为人们娱乐和旅游的重要载体，一旦发生事故，将受到社会的极大关注，带来严重的负面影响。

D 分类监管与重点监管

分类监管是针对特种设备性能特点、危险程度的不同以及地区、时间的不同对它实行不同的监管模式、手段和方法。比如，根据特种设备的特性，对压力容器、压力管道等实施设计单位许可制度，而对锅炉、大型游乐设施等采取设计文件审查制度等。又比如20世纪80年代前，我国锅炉、压力容器事故多发的原因主要是设计、制造质量存在问题。经过对设计、制造资质实施许可、产品监督检验，消除了产品粗制滥造的乱象，因产品质量而发生事故的严重局面得到改观。这几年，使用环节是发生事故的主要环节。因此，按照设备、地区、单位进行分类监管是十分必要的，特别是实行设备分类监管，可以进一步将风险较小的设备调整出特种设备监管的范围，将有限的监管资源用在风险较大的设备监管上。

重点监管是将某些特种设备按照使用条件的不同有重点地实施监管。如同一种设备（危险特性一样），由于使用地点不同（事故造成的危害不同），因此监管的重点就不一样。同样一种设备、同一个地点，由于使用时间不一样，监管方式也不一样。重点监管的对象主要为学校、幼儿园以及医院、车站、客运码头、商场、体育场馆、展览馆、公园等公众聚集场所。这里的特种设备使用频率高、人群分布密集，必须对这些场所实施重点安全监督检查以确保安全。

1.2.3 特种设备安全相关法规标准体系简介

1982年2月，国务院发布《锅炉压力容器安全监察暂行条例》，确立了锅炉压力容器安全监督检查制度；2003年2月，国务院发布《特种设备安全监察条例》，将监管范围扩大到了8类设备；2009年1月，国务院修改了《特种设备安全监察条例》，明确了节能监管的具体要求，增加了事故调查处理的职能。2013年6月29日，全国人大常委会审议通过了《特种设备安全法》，它的出台标志着我国特种设备安全工作向科学化、法制化方向迈进了一大步。

目前，我国形成了建设以法律、行政法规为依据，以部门规章、安全技术规范为主要内容，以技术标准为基础的特种设备安全监察法规标准体系。

1.2.3.1 法律

法律由全国人大通过，以中华人民共和国主席令的形式公布。

现行法律中涉及特种设备安全和特种设备安全监察工作的主要有：

《中华人民共和国特种设备安全法》；

《中华人民共和国安全生产法》；

《中华人民共和国行政许可法》；

《中华人民共和国劳动法》；

《中华人民共和国产品质量法》；

《中华人民共和国商品检验法》。

1.2.3.2 行政法规

行政法规这个层次包括行政法规、法规性文件和地方性法规等三种法规。

行政法规、法规性文件由国务院制定，如：

《特种设备安全监察条例》；

《生产安全事故报告和调查处理条例》；

《国务院关于特大安全事故行政责任追究的规定》；

《国务院对确需保留的行政审批项目设定行政许可的决定》。

地方性法规由省、自治区、直辖市以及有立法权的地方人大制定，如：

《广东省电梯使用安全条例》；

《广东省特种设备安全监察规定》。

1.2.3.3 部门规章

部门规章这个层次包括国务院行政部门规章和地方规章——省、自治区、直辖市以及较大市的人民政府规章。

国务院行政部门规章是以国务院行政部门首长令的形式发布，包括：

《特种设备质量监督与安全监察规定》（国家质量技术监督局令第 13 号）；

《锅炉压力容器制造监督管理办法》（国家质量监督检验检疫总局令第 22 号）；

《小型和常压热水锅炉安全监察规定》（国家质量技术监督局令第 11 号）；

《气瓶安全监察规定》（国家质量监督检验检疫总局令第 46 号）；

《起重机械安全监察规定》（国家质量监督检验检疫总局令第 92 号）；

《大型游乐设施安全监察规定》（国家质量监督检验检疫总局令第 154 号）；

《客运索道安全监督管理规定》（国家质量监督检验检疫总局令第 179 号）；

《锅炉压力容器压力管道特种设备安全监察行政处罚规定》（国家质量监督检验检疫总局令第 14 号）；

《特种设备事故报告和调查处理规定》（国家质量监督检验检疫总局令第 115 号）；

《特种设备作业人员监督管理办法》（国家质量监督检验检疫总局令第 140 号）。

1.2.3.4 安全技术规范

安全技术规范是对特种设备的安全性能和相应的设计、制造、安装、改造、维修、使用和检验检测等活动制定颁布的强制性规定，由国家质量监督检验检疫总局发布。其作用是将与特种设备有关的法律、法规和规章的原则规定具体化。如：

《特种设备事故报告和调查处理导则》（TSG 03—2015）；

《特种设备安全技术规范制定导则》（TSG 01—2014）；

《特种设备使用管理规则》（TSG 08—2017）；

《锅炉安全技术监察规程》（TSG G0001—2012）；

《移动式压力容器安全技术监察规程》（TSG R0005—2011）；

《固定式压力容器安全技术监察规程》（TSG 21—2016）；

《简单压力容器安全技术监察规程》（TSG R0003—2007）；

《超高压容器安全技术监察规程》（TSG R0002—2005）；

《非金属压力容器安全技术监察规程》（TSG R0001—2004）；

《氧舱安全技术监察规程》（TSG 24—2015）；

《气瓶安全技术监察规程》（TSG R0006—2014）；

《气瓶附件安全技术监察规程》（TSG RF001—2009）；

《安全阀安全技术监察规程》（TSG ZF001—2006）；

《压力管道安全技术监察规程——工业管道》（TSG D0001—2009）；

《起重机械安全技术监察规程——桥式起重机》（TSG Q0002—2008）；

《场（厂）内专用机动车辆安全技术监察规程》（TSG N0001—2017）；

《特种设备作业人员考核规则》（TSG Z6001—2005）。

1.2.3.5 技术标准

技术标准主要指安全技术规范中引用的国家标准和行业标准，可分为强制性标准和推荐性标准。安全技术规范与技术标准有以下关系：

（1）安全技术规范是强制性的，被安全技术规范引用的技术标准即是强制的；

（2）安全技术规范是提出特种设备安全的主体，被安全技术规范引用的标准是对安全技术规范的补充；

（3）安全技术规范是对特种设备全过程、全方位的最低安全要求，技术标准中应当清晰表述如何实现安全技术规范的最低安全要求。

2 承压类特种设备安全

2.1 锅炉基础知识

2.1.1 锅炉的概念

锅炉是指利用各种燃料、电或者其他能源，将所盛装的液体（水、导热油等）进行加热，以生产一定参数的品质的蒸汽、热水或者其他工质，并对外输出热能的设备。

2.1.2 锅炉的分类

按用途可以分为工业锅炉、民用锅炉、电厂锅炉、机车船舶锅炉。

按烟气在锅炉流动的状况可以分为火管锅炉、水管锅炉、水火管组合式锅炉。

按燃料和能源种类可以分为燃煤锅炉、燃油锅炉、燃气锅炉、原子能锅炉、余热锅炉、电加热锅炉、生物质锅炉、煤气混燃锅炉、煤油混燃锅炉等。

按供热工质可以分为蒸汽锅炉、热水锅炉、汽水两用锅炉、有机热载体锅炉。

按锅筒放置的方式可以分为立式锅炉、卧式锅炉。

按锅筒数量可以分为单锅筒锅炉、双锅筒锅炉、多锅筒式锅炉。

按安装方式可以分为快装锅炉、组装锅炉、散装锅炉。

按工质在蒸发系统的流动方式可以分为自然循环锅炉、强制循环锅炉、混合循环锅炉。

按燃烧场所可以分为内燃式锅炉、外燃式锅炉。

按燃烧方式可以分为层燃炉、室燃炉、旋风炉、沸腾炉等。

按锅炉制造许可证级别可以分为 A 级、B 级、C 级、D 级、E 级。

按工作压力可以分为常压锅炉、低压锅炉（<3.8MPa）、中压锅炉（3.8~5.3MPa）、次高压锅炉（5.3~9.8MPa）、高压锅炉（9.8~13.7MPa）、超高压锅炉（13.7~16.7MPa）、亚临界压力锅炉（16.7~22.1MPa）、超临界压力锅炉（22.1~25MPa）、超超临界压力锅炉（25~31MPa）等。

按蒸发量可以分为小型锅炉（<20t/h）、中型锅炉（20~75t/h）、大型锅炉（>75t/h）。

按排渣方式可以分为固态排渣锅炉、液态排渣锅炉。

工业锅炉一般压力较低（2.45MPa 以下），容量较小（65t/h 以下），大都采用层燃，结构形式和燃烧设备种类繁多，主要用于工业生产用汽及采暖供热之中。常见分类见表 2-1。

表 2-1 工业锅炉类型

分类方法	锅炉类型	
按锅炉结构形式	锅壳式	立式横水管、立式弯水管、立式直水管、立式横火管、卧式内燃回火管等
	水管	单锅筒纵置式、单锅筒横置式、双锅筒纵置式、双锅筒横置式、纵横锅筒式、强制循环式
	水火管	卧式快装
按供热工质	蒸汽、热水及其他工质	
按燃料种类	无烟煤、贫煤、烟煤、褐煤、油、气、甘蔗渣、稻壳、煤矸石、特种燃料、余热（废热）等	
按出厂形式	快装、组装、散装	

2.1.3 锅炉的结构

锅炉由锅炉本体、管道、安全附件和仪表、辅助设备及系统组成。

锅炉本体包括“锅”和“炉”两大部分。“锅”是锅炉中盛装液体的部分，它的作用是吸收“炉”产生的热量，将液体加热到一定参数，对外输出介质和提供热能。“炉”是指锅炉中盛装燃料及其他能源的部分，它的作用是将化学能、电能或其他能量转化为热能，并传递给“锅”内介质。

以燃煤锅炉为例，构成“锅”的主要部件包括：锅筒、水冷壁、对流管束、下降管、集箱、过热器、省煤器、再热器等。构成“炉”的主要部件包括：炉膛、炉墙、燃烧设备、锅炉构架等。

为了保证锅炉安全运行，锅炉上装有安全附件和仪表及自动控制装置。安全附件和仪表包括：压力表、安全阀、水位计、高低水位报警器等。自动控制装置包括：给水自动调节器、温度自动调节器、压力自动调节器、燃烧自动调节器、自动点火装置、灭火自动保护装置、送（引）风机连锁装置、燃料速断装置及先进的计算机自动控制系统等。

此外，锅炉还需要配备辅助设备系统，主要包括：煤粉制备系统、通风系统、给水系统、烟气处理系统、水处理系统、除灰除尘系统等。

锅炉按其结构形式可分为火管锅炉、水管锅炉和水火管锅炉。

2.1.3.1 火管锅炉

火管锅炉也叫锅壳式锅炉。它在工业上应用最早，结构形式也较多，是产汽量不大的一种小型工业锅炉。它的特点是高温烟气在管内流动放热，水在管外吸热汽化。火管锅炉按照锅筒放置方式可分为立式和卧式两类。立式火管锅炉的容量一般都很小，多为0.2~1.5t/h，卧式火管锅炉的容量一般为2~4t/h。这两种锅炉多用于蒸汽需要量不大的用户。

2.1.3.2 水管锅炉

所谓水管锅炉，就是水、汽或汽水混合物在管内流动，而火焰或烟气在管外燃烧和流动的锅炉。这一点是其与火管锅炉最显著的区别。由于管内横断面比管外小，汽水流速大大增加，受热面上产生的蒸汽立即被冲走，从而提高了锅水吸热率；加上水管锅炉受热面布置简便，清洗水垢、除尘等情况又均比火管锅炉好，因此，水管锅炉在近百年内得到很大的发展。水管锅炉按照结构形式可分为纵置式、横置式。

2.1.3.3 水火管快装锅炉

水火管快装锅炉采用水火管混合式结构，兼有水管锅炉和火管锅炉的共同特点。而且，它的锅炉本体、燃烧设备、炉墙、平台楼梯和构架等在锅炉厂制造后可全部组装在一起，整体运往使用场所，只需接通辅机电源、烟风管道和汽水管道，锅炉即可投入运行。水火管快装锅炉也分为立式和卧式两种。目前比较广泛使用的是卧式水火管快装锅炉。

2.1.4 锅炉的主要技术参数

锅炉产生的水、蒸汽或其他工质必须满足规定的参数，这主要包括锅炉产生热能的“数量”和“质量”两个方面的指标。其中，“数量”指锅炉的容量，而“质量”指锅炉的压力和温度。

2.1.4.1 容量

锅炉的容量又称锅炉出力，其中，蒸汽锅炉用蒸发量表示，热水锅炉用热功率表示。

A 蒸发量

蒸汽锅炉长期连续运行时，每小时所产生的蒸汽量，称为该锅炉的蒸发量，用符号“D”表示，常用单位是吨/小时（t/h）。

B 热功率

热水锅炉长期连续运行时，每小时出水有效带热量，即为该锅炉的热功率，用符号“Q”表示，常用单位为兆瓦（MW），工程单位为10^4×4.1868千焦/小时（10^4×4.1868kJ/h）。

热水锅炉在额定回水温度、回水压力和额定循环水量下长期连续运行时，每小时出水的有效带热量，称为这台锅炉的额定热功率。

热水锅炉产生0.7MW的热量，大体相当于蒸汽锅炉产生1t/h蒸汽的热量。

有机热载体锅炉也用热功率表示锅炉的容量。

2.1.4.2 压力

锅炉的工作压力是指锅炉最高允许使用的压力。工作压力是根据设计压力来确定的，通常用兆帕（MPa）来表示。

锅炉铭牌上标明的压力是锅炉出口处介质的压力，又称额定压力，其中，蒸汽锅炉在规定的给水压力和负荷范围内长期连续运行时所必须保证的锅炉出口的蒸汽压力，称为蒸汽锅炉的额定蒸汽压力。对于有过热器的蒸汽锅炉，其额定压力是指过热器出口处的过热蒸汽压力；对于有再热器的蒸汽锅炉，还包括额定再热蒸汽压力。热水锅炉在额定循环水量条件下，为了克服锅炉以及热力系统的流动阻力，由循环泵在锅炉出口所维持的压力，称为热水锅炉的额定出水压力。

2.1.4.3 温度

锅炉铭牌上标明的温度是锅炉出口处介质的温度，又称额定温度，通常用摄氏度（℃）来表示。其中，蒸汽锅炉在规定的负荷范围、额定蒸汽压力和额定给水温度下长期、连续运行所必须保证的出口蒸汽温度，称为蒸汽锅炉的额定蒸汽温度。对于无过热器的蒸汽锅炉，其额定温度是指额定压力下的饱和蒸汽温度；对于有过热器的蒸汽锅炉，其额定温度是指过热器出口处的蒸汽温度；对于有再热器的蒸汽锅炉，还包括额定再热蒸汽温度。热水锅炉在额定回水温度、额定回水压力和额定循环水量的条件下，长期连续运行时应保证的出口热水温度，称为热水锅炉的额定出水温度。

2.2 压力容器基础知识

2.2.1 压力容器的概念

压力容器是指盛装气体或者液体，承载一定压力的密闭设备。压力容器的用途极为广泛，在工业、民用、军工等许多部门以及科学研究的许多领域都具有重要的地位和作用。压力容器在化工与石油化工领域，主要用于传热、传质、反应等工艺过程，以及贮存、运输有压力的气体或液化气体；在其他工业与民用领域亦有广泛的应用，如空气压缩机、各类专用压缩机及制冷压缩机的辅机均属压力容器。

2.2.2 压力容器的分类

2.2.2.1 按压力分类

按设计压力的高低，压力容器可分为低压、中压、高压、超高压四个等级，具体划分如下（压力单位为 MPa，按 $1\mathrm{kgf/cm^2}=0.1\mathrm{MPa}$ 换算）。

（1）低压容器：$0.1\mathrm{MPa}\leqslant p<1.6\mathrm{MPa}$。

（2）中压容器：$1.6\mathrm{MPa}\leqslant p<10\mathrm{MPa}$。

（3）高压容器：$10\mathrm{MPa}\leqslant p<100\mathrm{MPa}$。

（4）超高压容器：$p\geqslant 100\mathrm{MPa}$。

2.2.2.2 按壳体承压方式分类

按壳体承压方式不同，压力容器可分为内压容器（壳体内部承受介质压力）和外压容器（壳体外部承受介质压力）两大类。

2.2.2.3 按设计温度分类

按设计温度 t 的高低，压力容器可分低温容器（$t\leqslant -20℃$）、常温容器（$-20℃<t<450℃$）和高温容器（$t\geqslant 450℃$）。

2.2.2.4 按安全技术管理分类

按安全技术管理分类，压力容器可分为固定式容器和移动式容器两大类。

（1）固定式容器。系指有固定的安装和使用地点，工艺条件和使用操作人员也比较固定，一般不是单独装设，而是用管道与其他设备相连接的容器。如合成塔、蒸球、管壳式余热锅炉、换热器、分离器等。

（2）移动式容器。系指一种储装容器，如气瓶、汽车槽车等。其主要用途是装运有压力的气体或液化气体。这类容器无固定使用地点，一般也没有专职的使用操作人员，使用环境经常变迁，管理比较复杂，较易发生事故。

2.2.2.5 按在生产工艺过程中的作用原理分类

按在生产工艺过程中的作用原理分类，压力容器可分为反应容器、换热容器、分离容器和储存容器。

（1）反应压力容器（代号 R）。主要是用于完成介质的物理、化学反应的压力容器，如反应器、反应釜、分解锅、硫化罐、分解塔、聚合釜、高压釜、超高压釜、合成塔、变换炉、蒸煮锅、蒸球、煤气发生炉等。

（2）换热压力容器（代号 E）。主要是用于完成介质的热量交换的压力容器，如管壳式余热锅炉、热交换器、冷却器、冷凝器、蒸发器、加热器、烘缸、蒸炒锅、预热锅、溶剂预热器、蒸锅、蒸脱机、电热蒸汽发生器、煤气发生炉水夹套等。

（3）分离压力容器（代号 S）。主要是用于完成介质的流体压力平衡缓冲和气体净化分离的压力容器，如分离器、过滤器、集油器、缓冲器、洗涤器、吸收塔、铜洗塔、干燥塔、汽提塔、分汽缸、除氧器等。

（4）储存压力容器（代号 C，其中球罐代号 B）。主要是用于储存、盛装气体、液化气体等介质的压力容器，如各种形式的储罐。在一种压力容器中，如同时具备两个以上的工艺作用原理时，应按工艺过程中的主要作用来分类。

2.2.2.6 压力容器的安全综合分类

为有利于安全技术管理和监督检查，根据容器的压力高低、介质的危害程度以及在生产过程中的重要作用，可将压力容器划分为三类。

（1）三类压力容器。符合下列情况之一者为三类压力容器：

1）高压容器；

2）中压容器（仅限毒性程度为极度和高度危害介质）；

3）中压储存容器（仅限易燃或毒性程度为中度危害介质，且 pV（p 为承受压力，V 为体积，下同）乘积大于等于 $10MPa \cdot m^3$）；

4）中压反应容器（仅限易燃或毒性程度为中度危害介质，且 pV 乘积大于等于 $0.5MPa \cdot m^3$）；

5）低压容器（仅限毒性程度为极度和高度危害介质，且 pV 乘积大于等于 $0.2MPa \cdot m^3$）；

6）高压、中压管壳式余热锅炉；

7）中压搪玻璃压力容器；

8）使用强度级别较高（抗拉强度规定值下限，≥540MPa）的材料制造的压力容器；

9）移动式压力容器，包括铁路罐车（介质为液化气体、低温液体）、罐式汽车（液化气体、低温液体或永久气体运输车）和罐式集装箱（介质为液化气体、低温液体）等；

10）球形储罐（容积 $\geq 50m^3$）；

11）低温液体储存容器（容积 $\geq 5m^3$）。

（2）二类压力容器。符合下列情况之一且不在第（1）条之内者为二类压力容器：

1）中压容器；

2）低压容器（仅限毒性程度为极度和高度危害介质）；

3）低压反应容器和低压储存容器（仅限易燃介质或毒性程度为中度危害质）；

4）低压管壳式余热锅炉；

5）低压搪玻璃压力容器。

（3）一类压力容器。低压容器且不在第（1）、（2）条之内者。

2.2.2.7 按安装方式分类

压力容器按安装方式分可分为固定式压力容器和移动式压力容器。

固定式压力容器是指安装在固定位置使用的压力容器。这类压力容器有固定的安装地点和使用地点，工艺条件和操作人员比较固定，压力容器一般是用管道和其他设备相连。因此，在石油和石化企业的生产装置中使用的多是固定式压力容器，这类压力容器也是本书的主要研究对象。

移动式压力容器是指走行装置（铁路罐车）、定型底盘或半行走机构（汽车罐车、长管拖车、管束集装箱）、框架（罐式集装箱）为永久性链接的适用于铁路、公路、水路或其联运的运输设备中的压力容器罐体。

2.2.3 压力容器的结构

压力容器的结构一般比较简单，其主要部件是一个能承受压力的壳体及其他必要的连接件和密封件。压力容器的本体结构形式多样，最常用的是球形和圆筒形壳体。

2.2.3.1 球壳

球形容器的本体是一个球壳，一般都是焊接结构。球形容器的直径一般都比较大，难以整体或半整体压制成型，所以大多是由许多块按一定的尺寸预先压制成型的球面板组焊而成。这些球面板的形状不完全相同，但板厚一般都相同。只有一些特大型、用以储存液化气体的球形储罐，球体下部的壳板材比上部的壳板要稍微厚一些。

球壳表面积小，除节省钢材外，当需要与周围环境隔热时，还可以节省隔热材料或减少热的散失。所以，球形容器最适宜作液化气体储罐。目前大型液化气体储罐多采用球形。此外，有些用蒸汽直接加热的容器，为了减少热损失，有时也采用球体，如造纸工业中用于蒸煮纸浆的蒸球等。半球壳或球缺可用作圆筒壳的封头。

2.2.3.2 圆筒壳

圆筒形容器是使用得最为普遍的一种压力容器。圆筒形容器比球形容器易于制造，便于在内部装设工艺附件及内部工作介质的流动。因此，它广泛用作反应、换热和分离容器。圆筒形容器由一个圆筒体和两端的封头（端盖）组成。

A 薄壁圆筒壳

中、低压容器的筒体为薄壁圆筒壳（其外径与内径之比不大于1.2）。薄壁圆筒壳除了直径较小者可以采用无缝钢管外，一般都是焊接结构，即用钢板卷成圆筒后焊接而成。直径小的圆筒体只有一条纵焊缝，直径大的可以有两条甚至多条纵焊缝。同样，长度小的圆筒体只有两条环焊缝，长度大的则有多条。圆筒体有一个连续的轴对称曲面，承压后应力分布比较均匀。由于圆筒体的周向（环向）应力是轴向应力的两倍，所以制造圆筒时一般都使纵焊缝减至最少。夹套容器的筒体由两个大小不同的内、外圆筒组成，外圆筒与一般承受内压的容器一样，内圆筒则是一个承受外压的壳体。在压力容器的压力界限范围内，虽然没有单纯承受外压的压力容器，但有承受外压的部件，如受外压的筒体、封头等。

B 厚壁圆筒壳

高压容器一般都不是储存容器，除少数是球体外，绝大部分是圆筒形容器。因为工作压力高，所以壳壁较厚，同样是由圆筒体和封头构成。厚壁圆筒的结构可分为单层筒体、多层板筒体和绕带式筒体等三种形状。

（1）单层筒体。单层厚壁筒体主要有三种结构形式，即整体锻造式、锻焊式和厚板焊接式。

1）整体锻造式厚壁筒体是全锻制结构，没有焊缝。它是用大型钢锭在中间冲孔后套入一根芯轴，在水压机上锻压成型，再经切削加工制成的。这种结构，金属消耗量特别大，其制造还需要一整套大型设备，所以目前已很少使用。

2）锻焊式厚壁筒体是在整体锻造式的基础上发展起来的。它由多个锻制的筒节组装焊接而成。只有环焊缝而没有纵焊缝。它常用于直径较大的高压容器（直径可达5~6m）。

3）厚板焊接式厚壁筒体是用大型卷板机将厚钢板热卷成圆筒，或用大型水压机将厚钢板压制成圆筒瓣，然后用电渣焊焊接纵缝制成圆筒节，再由若干段筒节焊制而成。这种结构的金属耗量小，生产效率较高。

对于单层厚壁筒体来说，由于壳壁是单层的，当筒体金属存在裂纹等缺陷且缺陷附近的局部应力达到一定程度时，裂纹将沿着壳壁扩展，最后导致整个壳体的破坏。同样的材料，厚板不如薄板的抗脆性好，综合性能也差一些。当壳体承受为压时，壳壁上所产生的应力沿壁厚方向的分布是不均匀的，壁厚越厚，内、外壁上的应力差别也越大。单层筒体无法改变这种应力分布不均匀的状况。

（2）多层板筒体。多层板筒体的壳壁由数层或数十层紧密结合的金属板构成。由于是多层结构，可以通过制造工艺在各层板间产生预应力，使壳壁上的应力沿壁厚分布比较均匀，壳体材料可以得到较充分的利用。如果容器内的介质具有腐蚀性，可采用耐腐蚀的合金钢做内筒，而用碳钢或其他低合金钢做层板，以节约贵重金属。当壳壁材料中存在裂纹等严重缺陷时，缺陷一般不易扩散到其他各层，同时各层均是薄板，具有较好的抗脆断性能。多层板筒体按其制造工艺的不同可以分为多层包扎焊接式、多层绕板式、多层卷焊式和多层热套式等形式。

（3）绕带筒体。绕带筒体的壳体是由一个用钢板卷焊成的内筒和在其外缠绕的多层钢带构成。它具有与多层板筒体相同的一些优点，可以直接缠绕成较长的整个筒体，不需要由多段筒节组焊，因而可以避免多层板筒体所具有的深而窄的环焊缝。但其制造工艺较复杂，生产效率低，制造周期长，因而采用较少。

2.2.3.3 封头

在中、低压压力容器中，与筒体焊接连接而不可拆的端部结构称为封头，与筒体以法兰等连接的可拆端部结构称为端盖。通常所说的封头则包含封头和端盖两种连接形式在内。压力容器的封头或端盖，按其形状可以分为三类，即凸形封头、锥形封头和平板封头。其中，平板封头在压力容器中除用作人孔及手孔的盖板以外，其他很少采用；凸形封头是压力容器中广泛采用的封头结构形式；锥形封头则只用于某些特殊用途的容器。

A 凸形封头

凸形封头有半球形封头、碟形封头、椭球形封头和无折边球形封头等四种，其形状如图 2-1 所示。

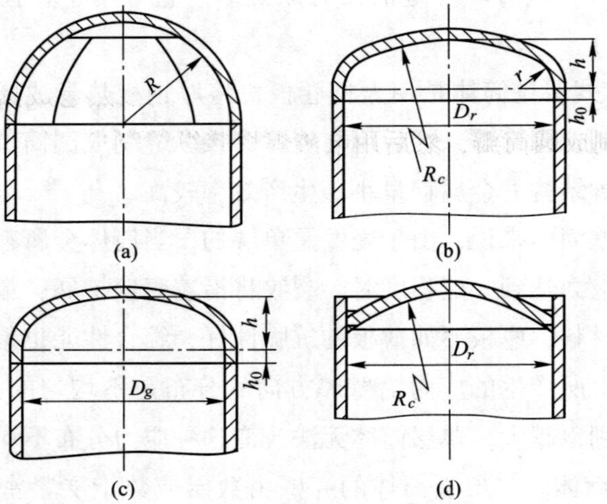

图 2-1 凸形封头

（a）半球形封头；（b）碟形封头；（c）椭球形封头；（d）无折边球形封头

半球形封头是一个空心半球体，由于它的深度大，整体压制成型较为困难，所以直径较大的半球形封头一般都是由几块大小相同的梯形球面板和顶部中心的一块圆形球面板（球冠）组焊而成，如图 2-1（a）所示。中心圆形球面板的作用是把梯形球面板之间的焊缝隔开一定距离。半球形封头加工制造比较困难，只有压力较高、直径较大或有其他特殊需要的储罐才采用半球形封头。

碟形封头又称带折边的球形封头，如图 2-1（b）所示，由几何形状不同的三个部分组成：中央是半径为 R_c 的球面，与筒体连接部分是高度为 h_0 的圆筒体，球面体与圆筒体由曲率半径为 r 的过渡圆弧（折边）所连接。碟形封头在旧式容器中采用较多，现已被椭球形封头所取代。

椭球形封头是中低压容器中使用最为普通的封头结构形式，一般由半椭球体和圆筒体两部分组成，如图 2-1（c）所示。半椭球体的纵剖面中线是半个椭圆，它的曲率半径是连续变化的。椭球形封头的深度取决于椭圆长短轴之比（即封头直径 D_g 与封头深度的两倍 $2h$ 之比）。椭圆长短轴之比越大，封头深度越小。标准椭球封头的长短轴之比（$D_g/2h$）为 2，即封头深度（不包括直边部分）为其直径的 1/4。

无折边球形封头是一块深度很小的球面壳体（球缺），如图 2-1（d）所示。这种封头结构简单，制造容易，成本也较低。但是由于它与筒体连接处结构不连续，存在很高的局部应力，一般只用于直径较小、压力很低的低压容器上。

B 锥形封头

锥形封头有两种结构形式。一种是无折边的锥形封头，如图 2-2 所示。由于锥体与圆筒体直接连接，结构形状突然不连续，在连接处附近产生较大的局部应力，因此只有一些直径较小、压力较低的容器有时采用半锥角 $\alpha \leqslant 30°$ 的无折边锥形封头，且多采用局部加强结构。局部加强结构形式较多，可以在封头与筒体连接处附近焊加强圈，也可以在筒体与封头的连接处局部加大壁厚。另一种为带折边的锥形封头，如图 2-3 所示，由圆锥体、过渡圆弧和圆筒体三部分组成。标

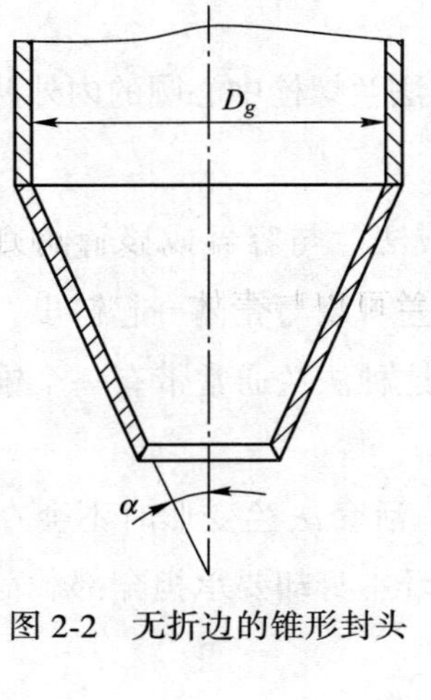

图 2-2 无折边的锥形封头

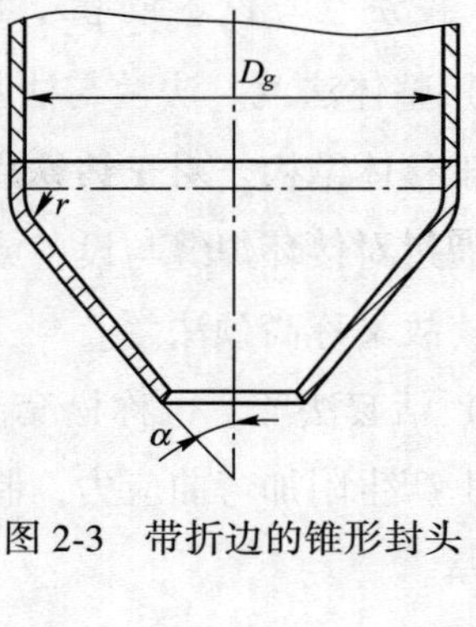

图 2-3 带折边的锥形封头

准带折边锥形封头的半锥角 α 有 30°和 45°两种，过渡圆弧曲率半径 r 与直径 D_g 之比值规定为 0.5。

C 平封头

平板结构简单，制造方便，但受力状况最差。中低压容器用平板作人孔和手孔盖板；高压容器，除整体锻造式压力容器直接在筒体锻造出凸形封头以及采用冲压成型的半球形封头外，多采用平封头和平端盖，如图 2-4 所示。

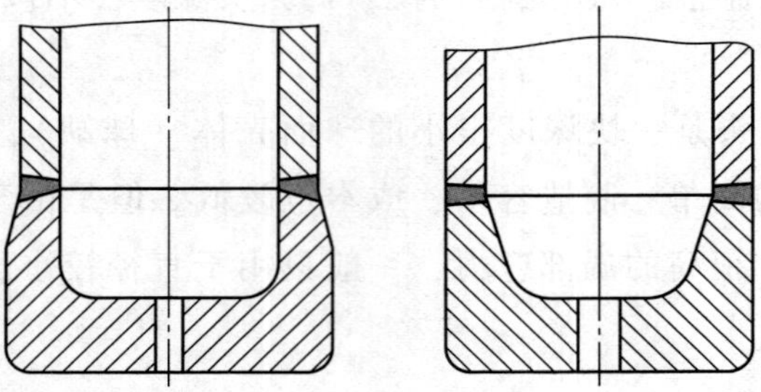

图 2-4 高压容器的平封头

2.2.3.4 法兰

法兰通过螺栓起连接作用，并通过拧紧螺栓使垫片压紧并保证密封。法兰常见分类有以下几种。

A 按法兰接触面分类

（1）窄面法兰。法兰与垫片的整个接触面积都位于螺栓孔包围的圆周范围内。

（2）宽面法兰。法兰与垫片的接触面积位于法兰螺栓中心圆的内外两侧。

B 按法兰与设备或管道的连接方式分类

（1）整体法兰。法兰与法兰颈部为一整体或法兰与容器或接管的连接可视为相当于整体结构。对于铸铁或铸钢的设备，法兰可以与壳体一起铸出，锻制的法兰可通过对接环焊缝与设备或管道焊在一起。这种法兰通常带有一个锥形截面的颈脖，故又称高颈法兰。

（2）活套法兰。也称松套法兰或自由法兰。活套法兰变形时不会在壳体或者管子上产生附加弯曲应力，制造方便，但法兰环本身却要承担全部载荷，所以尺寸较厚。

2.2.4　压力容器的主要技术参数

压力容器的工艺参数是由生产的工艺要求确定的，是进行压力容器设计和安全操作的主要依据。压力容器的主要工艺参数为压力、温度和介质。

2.2.4.1　压力

这里主要讨论压力容器工作介质的压力，即压力容器工作时所承受的主要载荷。压力容器运行时的压力是用压力表来测量的，表上所显示的压力值为表压力。在各种压力容器规范中，经常出现工作压力、最高工作压力和设计压力等概念，现将其定义分述如下。

(1) 工作压力。工作压力也称操作压力，指容器顶部在正常工艺操作时的压力（即不包括液体静压力）。

(2) 最高工作压力。最高工作压力指容器顶部在正常工艺操作时的压力（即不包括液体静压力）。指容器顶部在工艺操作过程中可能产生的最大压力（即不包括液体静压力），压力超过此值时，容器上的安全装置就要动作。

(3) 设计压力。设计压力指在相应设计温度下用以确定容器计算壁厚及其元件尺寸的压力。

2.2.4.2　温度

(1) 介质温度。介质温度指容器内工作介质的温度，可以用测温仪表测得。

(2) 设计温度。压力容器的设计温度不同于其内部介质可能达到的温度，而是容器在正常工作过程中，在相应设计压力下，器壁或元件金属可能达到的最高或最低温度。

2.2.4.3　介质

生产工艺过程所涉及的工艺介质品种繁多，分类方法也有多种。按物质状态分类，有气体、液体、液化气体等；按化学特性分类，则有可燃、易燃、惰性和助燃四种；按它们对人类毒害程度，又可分为极度危害（Ⅰ）、高度危害（Ⅱ）、中度危害（Ⅲ）、轻度危害（Ⅳ）四级。

易燃介质：是指与空气混合的爆炸下限小于10%，或爆炸上限和下限之差值大于等于20%的气体，如甲胺、乙烷、乙烯等。

毒性介质：《压力容器安全技术监察规程》对介质毒性程度的划分参照《职业性接触毒物危害程度分级》分为四级。最高容许浓度为LOC，则极度危害

（Ⅰ级）：LOC<0.1mg/m^3；高度危害（Ⅱ级）：0.1mg/m^3≤LOC<1.0mg/m^3；中度危害（Ⅲ级）：1.0mg/m^3≤LOC<10mg/m^3；轻度危害（Ⅳ级）：LOC≥10mg/m^3。

压力容器中的介质为混合物质时，应以介质的组成并按毒性程度或易燃介质的划分原则，由设计单位的工艺设计部门或使用单位的生产技术部门决定介质毒性程度或是否属于易燃介质。

腐蚀介质：石油化工介质对压力容器用材具有耐腐蚀性要求。有时是因介质中有杂质，使腐蚀剧烈地增加。腐蚀介质的种类和性质各不相同，加上工艺条件不同，介质的腐蚀性也不相同。这就要求在选用压力容器用材时，除了应满足使用条件下的力学性能要求外，还要具备足够的耐腐蚀性，必要时还要采取一定的防腐措施。

2.3 压力管道基础知识

2.3.1 压力管道的概念

压力管道是指所有承受内压或外压的管道，用以输送、分配、混合、分离、排放、计量、控制和制止管内流体流动。在工业化程度日渐提高的今天，压力管道作为输送介质的载体已经遍布于世界各地。从炼油化工装置到长输管道，从工厂、油田到城镇、居民小区无处不在。

压力管道内流体的流动状态复杂、缓冲余地小，工作条件受外界因素影响较大，压力管道是不安全因素较多的特种设备。

2.3.2 压力管道的分类

按管道承受内部压力的不同，可以分为真空管道、中低压管道、高压管道、超高压管道。

按输送介质的不同，可以分为蒸汽管道、燃气管道、工艺管道等。

按使用材料的不同，可以分为合金钢管道、不锈钢管道、碳钢管道、有色金属管道、非金属管道、复合材料管道等。

按管道敷设方式的不同，可以分为地下管道和架空管道。

按用途的不同，可以划分为GA类长输管道、GB类公用管道和GC类工业管道。

2.3.2.1 长输管道

长输（油气）管道是指产地、储存库、使用单位之间用于输送商品介质的管道，用GA表示。长输管道划分为GA1级和GA2级。

A 符合下列条件之一的长输管道为GA1级

(1) 输送有毒、可燃、易爆气体介质，最高工作压力大于4.0MPa的长输管道。

(2) 输送有毒、可燃、易爆液体介质，最高工作压力大于或者等于6.4MPa，并且输送距离（指产地、储存地、用户间的用于输送商品介质管道的长度）大于或者等于200km的长输管道。

B GA1级以外的长输（油气）管道为GA2级

长输管道设计主要按照《输气管道设计工程规范》（GB 50253—2003）或《输油管道工程设计规范》（GB 50251—2003）等标准规范设计。

2.3.2.2 公用管道

公用管道是指城市或乡镇范围内的用于公用事业或民用的燃气管道和热力管道，用GB表示。公用管道划分为GB1级和GB2级。

GB1级为城镇燃气管道，GB2级为城镇热力管道。

公用管道主要按照《城镇燃气设计规范》（GB 50028—2006）或《城市热力网设计规范》（建设部CJJ 34—2010）等标准规范设计。在用公用管道定期检验依据的法规是《压力管道定期检验规则公用管道》（TSG D7004—2010）。

2.3.2.3 工业管道

工业管道是指企业、事业单位所属的用于输送工艺介质的工艺管道、公用工程管道及其他辅助管道，包括延伸出工厂边界线，但归属企、事业单位管辖的工艺管线，用GC表示。工业管道划分为GC1级、GC2级、GC3级。

A 符合下列条件之一的工业管道为GC1级

(1) 输送《职业性接触毒物危害程度分级》（GBZ 230—2010）中规定的毒性程度为极度危害介质、高度危害气体介质和工作温度高于标准沸点的高度危害液体介质的管道。

(2) 输送《石油化工企业设计防火规范》（GB 50160—2008）及《建筑设计防火规范》（GB 50016—2006）中规定的火灾危险性为甲、乙类可燃气体或甲类可燃液体（包括液化烃），并且设计压力大于或者等于4.0MPa的管道。

(3) 输送流体介质并且设计压力大于或者等于10.0MPa，或者设计压力大或者等于4.0MPa，并且设计温度大于或者等于400℃的管道。

B 符合下列条件的工业管道为GC2级

除GC3级规定的管道外，介质毒性危害程度、火灾危险性（可燃性）、设计压力和设计温度低于GC1级规定的工业管道。

C 符合下列条件的工业管道为GC3级

输送无毒、非可燃流体介质，设计压力小于或者等于1.0MPa，并且设计温度高于20℃但是不高于185℃的工业管道。

工业管道主要按照《压力管道规范工业管道》(GB 20801—2008)、《压力管道安全技术监察规程工业管道》(TSG D0001—2009) 等标准规范设计。

2.3.3 压力管道的结构

压力管道是由管道组成件、管道支承件和安全保护装置组成。

2.3.3.1 管道组成件

管道组成件是指用以输送、分配、混合、分离、排放、计量、控制和制止流体流动的装配管道的元件。它包括管子、管件、法兰、螺栓连接、垫片、阀门以及膨胀接头、挠性接头、耐压软管、疏水器、过滤器和分配器等其他组成件或受压部件的装配总成。

2.3.3.2 管道支承件

管道支承件是指管道安装件和附着件的总称。

(1) 安装件。安装件是指将负荷从管子或管道附着件上传递到支承结构或设备上的元件，包括吊杆、弹簧支吊架、斜拉杆、平衡锤、松紧螺栓、支撑杆、链条、导轨和滑动支架等。

(2) 附着件。附着件是指用焊接、螺栓连接或夹紧方法附装在管子上的零件，包括管吊、吊（支）耳、网环、夹子、吊夹、紧同夹板和裙式管座等。

2.3.3.3 安全保护装置

压力管道所用的安全保护装置有安全阀、爆破片装置、阻火器、紧急切断装置以及附属仪器或者仪表。

压力管道的结构并非是固定的，由于它所处的位置不同，功能有差异，所需要的元器件就不同，最简单的就是一段管子。图2-5中的管道构成的元器件比较多。系统中除直管还有19个元器件，大致可以分为管子、管件、阀门、连接件、附件、支架等。

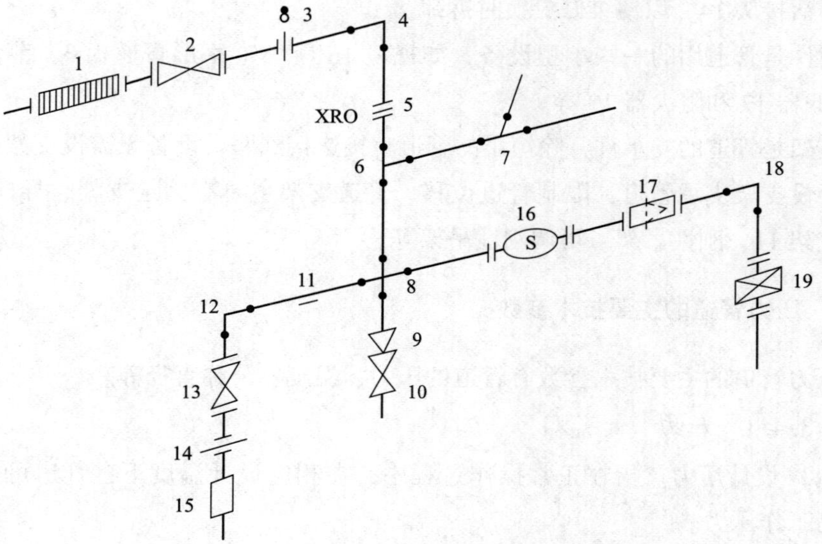

图2-5 压力管道结构图

管子是管道的基本组成部分，根据实际情况选用各种规格、材料、压力等级的管子。管件是将管子连接起来的元件。在管道转向的地方用弯头4、12、18，根据方向要求可以使用45°或者90°标准的成型弯头。在管路中常常有分支、相交的情况，这时可以使用三通6、四通8。三通有等径三通和异径三通。等径三通的三个接口直径相等，异径三通的主管方向接口直径相等而支管方向接口的直径小于主管方向接口直径。支管轴线与主管轴线垂直的三通为正三通，支管轴线与主管轴线成一角度的为斜接三通7。处于管线交叉处用四通8。在不同管径管子连接处用异径管9，异径管有同心与偏心两种，同心异径管形状成轴对称，应力分布情况较好，偏心异径管一侧在一条直线上，通常将这一侧置于下方，不论管径有什么变化，支承高度相等，对支架设计较为方便，但这种异径管在上述这一侧180°的方向，母线形状变化特别大，应力集中现象尤为严重。波纹管1也是一种管件，可以吸收管道热膨胀变形，减小管道在温度变化时引起长度变化而在管道的某个局部产生过大的应力。

阀门在管道中是个重要的组成部分，图2-5中2、10、13均是阀门，阀门的作用不尽相同，阀门品种很多，有电磁阀、电动阀、液压阀等。

连接件用于管道组成件可拆连接点处相邻元器件间的连接，一般包括法兰、密封垫片和螺栓螺母，也有使用螺纹连接的。在一些特殊的场合，如疏水器 15 两端用活接头 14，以便维修更换时拆卸。

附件是管道用的一些小型设备，如视镜 16、“8”字形盲通板 3、节流孔板 5、过滤器 17 和阻火器 19 等。

支架是管道的支承件，除短小的管道直接连接到两个设备无需设支架外，一般都要设支架支承管道，限制管道位移。管道支架主要有固定支架、导向支架、滑动支架 11、刚性吊架、可调刚性吊架等。

2.3.4 压力管道的主要技术参数

压力管道的主要技术参数有管道的压力、温度、公称直径等。

2.3.4.1 压力

（1）设计压力。指在正常操作过程中，在相应设计温度下，管道可能承受的最高工作压力。

（2）工作压力。指管子、管件、阀门等管道组成件在正常运行条件下承受的压力。

2.3.4.2 温度

（1）设计温度。指管道在正常操作过程中，在相应设计压力下，管道可能承受的最高或最低温度。

（2）工作温度。指管道在正常操作条件下的温度。

2.3.4.3 公称直径

公称直径指用标准的尺寸系列表示管子、管件、阀门等口径的名义内径。

2.4 承压类特种设备安全装置

2.4.1 安全泄压装置

2.4.1.1 安全阀

安全阀的主要作用是将承压类特种设备的内部压力控制在允许的范围内。当压力超过其规定值时，安全阀自动开启排出内部介质，同时发出声响，提醒人员及时采取措施，使压力下降；当压力降到允许范围后，安全阀又自行关闭，使承压类特种设备始终处于正常工作压力下安全运行。

A 安全阀的形式及工作原理

工业锅炉常用的安全阀有弹簧式和杠杆式两种。

a 弹簧式安全阀

弹簧式安全阀主要由阀座、阀芯、阀杆、弹簧和手柄等部件组成，如图 2-6 所示。弹簧式安全阀的工作原理是，利用弹簧作用于阀芯的反作用力来平衡作用在阀芯上的蒸汽压力。当蒸汽压力超过弹簧的反作用力后，弹簧被压缩，阀芯抬起离开阀座排出蒸汽；当蒸汽压力小于弹簧的反作用力后，弹簧伸长，将阀芯往下压，使阀芯和阀座紧密结合，停止排汽。

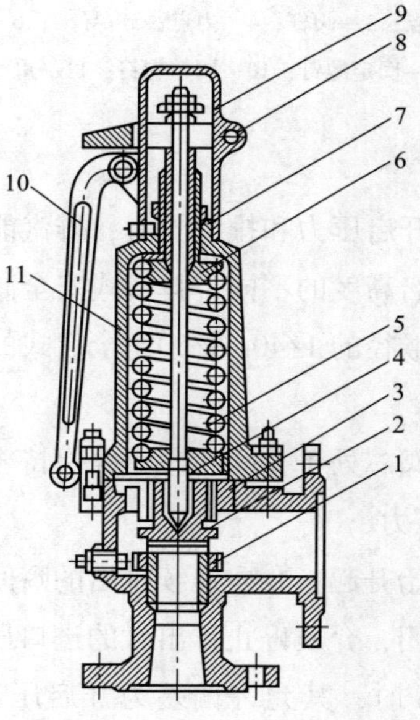

图 2-6 弹簧式安全阀

1—阀座；2—阀芯；3—阀盖；4—阀杆；5—弹簧；6—弹簧压盖；7—调整螺母；8—销子；9—阀帽；10—手柄；11—阀体

b 杠杆式安全阀

杠杆式安全阀主要由阀体、阀芯、阀座、阀杆、重锤等构件组成，如图 2-7 所示。它是利用杠杆原理制成的，通过杠杆和阀杆将重锤的重力矩作用到阀芯上，将阀芯压在阀座上，使锅炉介质压力保持在允许范围之内。

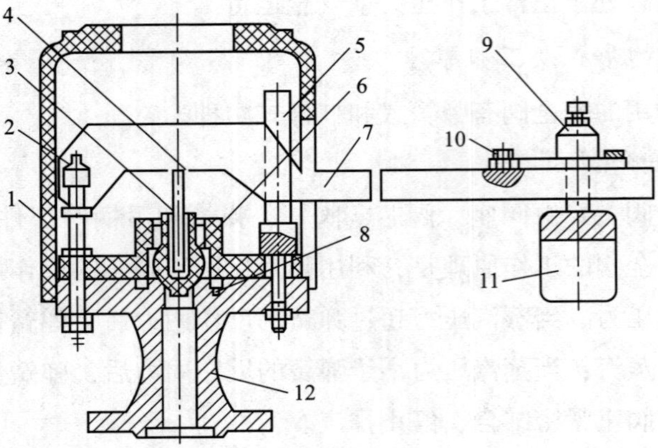

图 2-7 杠杆式安全阀

1—阀罩；2—支点；3—阀杆；4—力点；5—导架；6—阀芯；7—杠杆；
8—阀座；9—固定螺钉；10—调整螺钉；11—重锤；12—阀体

B 安全阀的参数

安全阀的主要参数是开启压力和排汽能力，排汽能力又决定于安全阀喉径和阀芯的开启高度。由于开启高度的不同，弹簧式安全阀可分为微启式和全启式两种，微启式的开启高度为喉径的1/40~1/20，全启式的开启高度为喉径的1/4。

a 密封压力

密封压力是指安全阀阀芯处于关闭状态，并保持密封时的进口压力。

b 开启压力和回座压力

开启压力是指阀芯开始升起，介质连续排出的瞬间的进口压力。

回座压力是指阀芯关闭，介质停止排出时的进口压力。

当开启压力≤1.0MPa时，其允许偏差为开启压力的±0.02MPa；当开启压力>1.0MPa时，允许偏差为开启压力的±2%。

c 排汽能力

排汽能力是指安全阀阀芯安全开启时的介质排出量。

2.4.1.2 爆破片

爆破片又称为爆破膜或防爆膜，是一种断裂型安全泄放装置，由进口静压使爆破片受压爆破而泄放出介质，以防止容器或系统内的压力超过预定的安全值。与安全阀相比，它具有结构简单、泄压反应快、密封性能好、适应性强等特点。

爆破片的品种规格很多，有反拱带槽型、反拱带刀型、反拱脱落型、正拱开缝型、普通正拱型，应根据操作要求允许的介质压力、介质的相态、管径的大小等来选择合适的爆破片。有的爆破片最好和安全阀串联，如反拱带刀型爆破片；有的爆破片还不能和安全阀串联，如普通正拱型爆破片。从爆破片的发展趋势看，带槽型爆破片的性能在各方面均优于其他形式。尤其是反拱带槽型爆破片，具有抗疲劳能力强，耐背压、允许工作压力高和动作响应时间短等优点。

2.4.1.3 安全阀与爆破片装置的组合

安全阀与爆破片装置并联组合时，爆破片的标定爆破压力不得超过容器的设计压力。安全阀的开启压力应略低于爆破片的标定爆破压力。当安全阀进口和容器之间串联安装爆破片装置时，应满足下列条件：安全阀和爆破片装置组合的泄放能力应满足要求；爆破片破裂后的泄放面积应不小于安全阀进口面积，同时应保证使得爆破片破裂的碎片不影响安全阀的正常动作；爆破片装置与安全阀之间应装设压力表、旋塞、排气孔或报警指示器，以检查爆破片是否破裂或渗漏。

当安全阀出口侧串联安装爆破片装置时，应满足下列条件：容器内的介质应是洁净的，不含有胶着物质或阻塞物质；安全阀的泄放能力应满足要求；当安全阀与爆破片之间存在背压时，阀仍能在开启压力下准确开启；爆破片的泄放面积不得小于安全阀的进口面积；安全阀与爆破片装置之间应设置放空管或排污管，以防止该空间的压力累积。

2.4.1.4 爆破帽

爆破帽为一端封闭、中间具有一薄弱断面的厚壁短管，爆破压力误差较小，泄放面积较小，多用于超高压容器。超压时其薄弱面上的拉伸应力达到材料的抗拉强度发生断裂。由于其工作时通常还有温度影响，因此，一般均选用热处理性能稳定，且随温度变化较小的高强度钢材料（如 34CrNi3Mo 等）制造，其破爆压力与材料强度之比一般为 0.2~0.5。

2.4.1.5 易熔塞

易熔塞属于“熔化型”（“温度型”）安全泄放装置，它的动作取决于容器壁的温度，主要用于中、低压的小型压力容器，在盛装液化气体的钢瓶中应用更为广泛。

2.4.1.6 安全水封

安全水封既能起到安全泄压的作用，还能在发生火灾事故时阻止火势蔓延。

2.4.1.7 放空管

放空管主要起到安全泄压的作用。

2.4.2 安全监测装置

2.4.2.1 压力表

压力表是一种测量压力大小的仪表，可用来指示设备内介质的实际压力值。因此，压力表常被比喻为“眼睛”。按其结构和作用原理，压力表可分为液柱式、弹性元件式、活塞式和电量式四大类。

液柱式压力计一般只用于测量很低的压力；活塞式压力计通常用作校验用的标准仪表；电接点式压力表，是在弹簧管式压力表基础上增加了一套电控装置制成的。在弹簧管式压力表上，除原有的工作指针外，又增设两根可调的给定指针，分别用于给定压力表的工作上、下限值，在二根指针的后面都有电触头，当工作压力达到给定指针所规定压力的上、下限值时，工作指针带动的电触头与给定指针的电触头相接触，使报警电路接通而指示信号发出警报。最常见的弹性元件式压力表是弹簧管式压力表，它由弹簧弯管、连杆、扇形齿轮、小齿轮、指针、表盘、支座等组成。锅炉、压力容器广泛采用的是各种类型的弹性元件式压力计。

2.4.2.2 液位计

液位计又称液面计，是用来观察和测量设备内液位位置变化情况的仪表。其在锅炉中常被称为水位表。

常见的水位表有玻璃管式水位表、平板式水位表及双色水位表。玻璃管式水位表主要由汽旋塞、水旋塞和放水旋塞、玻璃管等部分组成。锅炉内的水位高低，透过玻璃管显示出来。玻璃管式水位表结构简单，制造安装容易，拆换方便，在工作压力为1.3MPa以下的小型锅炉上广泛使用。平板式水位表主要由汽旋塞、玻璃板、金属框架、水旋塞和放水旋塞等部分组成。平板式水位表在工业锅炉中应用较广，有单面玻璃板和双面玻璃板两种；双色水位表是利用光学原理，直接显示液面位置的一次性仪表。将双色水位表接到锅炉上，即可清晰地显示锅炉内液面的位置，特别是在判断满水和缺水时，可显示出其突出的优越性。

2.4.2.3 温度仪表

温度测量仪表是用来测量介质温度高低的一种仪表。对于需要控制壁温的设备，还必须装设测试壁温的温度仪表。目前常用的温度测量仪表有液体膨胀式温度计、热电偶温度计、热电阻温度计。

液体膨胀式温度计常见的有水银玻璃温度计、有机液体玻璃温度计和电接点水银玻璃温度计。它们是利用液体随温度升高（降低）而膨胀（收缩）的原理制成的。热电偶温度计是目前应用极为广泛的测量仪表。它能测量较高的温度，常用的热电偶能长期地用来测量300~1300℃的温度；能够把温度信号转换成电压信号，因而便于信号的远传和记录，也有利于集中检测和控制；性能稳定准确可靠；结构简单、信号测量方便，经济耐用，维护方便。热电阻温度计在测温中得到广泛应用，尤其是工业生产中，在-100~+5000℃范围内的温度常常使用热电阻温度计。热电阻是测量温度的敏感元件，它之所以能用来测量温度，是因为导体或半导体的电阻具有随温度变化而变化的性质。因此，只要知道导体或半导体的电阻值，就可以知道所处的环境或介质的温度，这就是热电阻测温的基本原理。

2.4.2.4　视镜

视镜多用在压力管道中排液或受槽前的回流、冷却水等液体管路上，以观察液体流动情况。

A　视镜的种类

常用的视镜有钢制视镜、不锈钢视镜、铝制视镜、硬聚氯乙烯视镜、耐酸酚醛塑料视镜、玻璃管视镜等。

B　视镜的选用

视镜系根据输送介质的化学性质、物理状态及工艺对视镜功能的要求来选用。视镜的材料基本上和管子材料相同。如碳钢管采用钢制视镜，不锈钢管子采用不锈钢视镜，硬聚氯乙烯管子采用硬聚氯乙烯视镜，需要变径的可采用异径视镜，需要多面窥视的可采用双面视镜，需要它代替三通功能的可选用三通视镜。视镜的操作压力≤0.25MPa。钢制的视镜，操作压力≤0.6MPa。

2.4.3　安全运行控制及保护装置

2.4.3.1　自动控制装置

通过工业自动化仪表对温度、压力、流量、物位、成分等参数进行测量和调节，达到监视、控制、调节生产的目的，使锅炉在最安全、经济的条件下运行。

2.4.3.2　保护装置

（1）超温报警和连锁保护装置。超温报警装置可在介质的温度超过规定的温度时自动报警，提醒工作人员采取措施。超温报警和连锁保护装置连锁后，还能在超温报警的同时，自动切断设备的运行，防止设备因超温发生事故。

（2）高低水位报警和低水位连锁保护装置。当水位高于最高安全水位或低于最低安全水位时，水位报警器就会自动发出警报，提醒工作人员采取措施防止事故发生。

（3）超压报警器。超压报警器在介质的压力超过规定的压力时，能发出声、光警报信号，促使工作人员及时采取措施，并能通过连锁装置自动切断设备的运行，从而避免超压爆炸事故。

2.4.4 其他安全装置及附件

2.4.4.1 常用阀门

阀门是承压类特种设备上不可缺少的配件。常用的阀门种类很多，按阀门的形式可分为闸板阀、截止阀、止回阀、针型阀、旋塞等；按汽水流向分为直流式、角式和三通阀；按与管路连接方法分为法兰式、螺纹式；按阀芯与阀座的材料可分为铜阀、合金钢阀及特殊材料阀等。总之，阀门的型号复杂，种类繁多。

2.4.4.2 排污阀或放水装置

排污阀或放水装置的作用是排放锅水蒸发后残留的水垢、泥渣及其他有害物质，将锅水的水质控制在允许的范围内，使受热面保持清洁，以确保锅炉的安全、经济运行。

2.4.4.3 防爆门

为防止炉膛和尾部烟道再次燃烧造成破坏，在炉膛和烟道易爆处装设防爆门。

2.4.4.4 阻火器

阻火器是一种防止火焰蔓延的安全装置，通常安装在易燃易爆气体管路上。当某一段管道发生事故时，不至于影响另一段的管道和设备。某些易燃易爆的气体如乙炔气，充灌瓶与压缩机之间的管道，要求设 3 个阻火器。

2.4.4.5 气瓶安全装置

瓶帽是为了防止气瓶瓶阀被破坏的一种保护装置。为防止由于瓶阀泄漏，或由于安全泄压装置动作，造成瓶帽爆炸，在瓶帽上要开排气孔。瓶帽按其结构可分为拆卸式和固定式两种。防振圈是为了防止气瓶瓶体受撞击的一种保护设施。

2.5 承压类特种设备检验检测

由于承压类特种设备工作环境恶劣，长期在高温高压、低温高压和交变载荷状况下运行，一旦存在缺陷，就容易导致效率降低，甚至是泄漏、爆炸等事故的发生。加强检验检测的主要目的是：消除隐患，防患于未然；消除缺陷，延长锅炉使用寿命；实现连续安全、经济运行；堵塞漏洞，节约能源。

承压类特种设备检验检测除了检查设计、制造、安装时遗留下来的缺陷外，更重要的是检查设备及管道在运行中产生的缺陷。缺陷一旦发现，必须首先确定是制造原因还是使用中产生的，使用中产生的缺陷包括腐蚀、裂纹、应力腐蚀开裂、腐蚀疲劳、各种损伤及材料的时效老化。检验手段要根据预知与预测所产生缺陷的特点和管道的实际情况来选用，尽量避免“漏检”“错检”，确保设备安全经济运行。

2.5.1 承压类特种设备检验检测技术

承压类特种设备的种类、结构、类型较多，其设计参数和使用条件各不相同，所盛装的介质可能具有不同的性质，因此，对它们进行检验时，必须采用各种不同的检验方法，才能对压力容器的安全使用性能作出全面、正确的评价。

2.5.1.1 宏观检查

直观检查和量具检查通常称为宏观检查。宏观检查是对在用特种设备进行内、外部检验常用的检验方法。宏观检查的方法简单易行，可以直接发现和检验设备内、外表面比较明显的缺陷，为进一步利用其他方法作详细的检验提供线索和依据。

A 直观检查

直观检查是最基本的检验方法，通常在采用其他检验方法之前进行，是进一步检验的基础。它主要是凭借检验人员的感觉器官，对容器的内、外表面进行检查，以判别其是否有缺陷。

(1) 检查内容。直观检查要求检查设备本体和受压元件的结构是否合理，连接部位、焊缝、胀口、衬里等部位是否存在渗漏，表面是否存在腐蚀的深坑或斑点、明显的裂纹、磨损的沟槽、凹陷、鼓包等局部变形和过热的痕迹，焊缝是否有表面气孔、弧坑、咬边等缺陷，内、外壁的防腐层、保温层、耐火隔热层或衬里等是否完好等。

（2）检查工具。手电筒、5~10 倍放大镜、反光镜、内窥镜、约 0.5kg 的尖头锤子等。

（3）检查方法。检查方法主要有：

1）通常采用肉眼检查。肉眼能够迅速扫视大面积范围，并且能够察觉细微的颜色和结构的变化。

2）当被检查的部位比较狭窄、无法直接观察时，可以利用反光镜或内窥镜伸入容器内进行检查。

3）当怀疑设备表面有裂纹时，可用砂布将被检部位打磨干净，然后用含量（质量分数或体积分数）为 10%的硝酸酒精溶液将其浸湿，擦净后用放大镜观察。

4）对具有手孔或较大接管而人又无法进到内部用肉眼检查的小型设备，可将手从手孔或接管口伸入，触摸内表面，检查内壁是否光滑，有无凹坑、鼓包。

5）用 0.5kg 的尖头锤子进行锤击检查，是过去检查锅炉、压力容器的一种常用的方法。当表面有防腐层、保温层、耐火隔热层、衬里或夹套等妨碍检查时，如果需要应部分或全部拆除再进行直观检查。直观检查时，往往会在容器表面发现各种形态的缺陷，检验人员应予以综合判断，并分别予以适当的处置。

B 量具检查

采用简单的工具和量具对直观检查所发现的缺陷进行测量，以确定缺陷的严重程度，是直观检查的补充手段。

（1）检查内容。用量具检查主要是检查设备表面腐蚀的面积和深度，变形程度，沟槽和裂纹的长度，以及设备本体和受压元件的结构尺寸（如管板的平面度等）是否符合要求等。

（2）检查工具。检查工具有直尺、样板、钢卷尺、游标卡尺、塞尺等。

（3）检查方法。检查方法主要有：

1）用拉线或量具检查设备的结构尺寸。例如，用钢卷尺测量筒体周长，用计算圆周长的公式和筒体的实际壁厚值算出筒体的平均内直径，以求得筒体的内径偏差；测量筒体同一断面的圆度等。

2）用直尺、游标卡尺或塞尺检查设备的平面度，或腐蚀、磨损、鼓包的深度（高度）等。

3）用预先按受压元件的某部分做成的样板紧靠其表面，检查它们的形状、尺寸是否符合设计要求，或测量其变形、腐蚀的程度。

4）在器壁发生均匀腐蚀、片状腐蚀或密集斑点腐蚀的部位，目前通常采用超声波测厚仪测量容器的剩余壁厚。

2.5.1.2 无损检测

在设备内部，常常存在着不易发现的缺陷，如焊缝中的未熔合、未焊透、夹渣、气孔、裂纹等。要想知道这些缺陷的位置、大小、性质，对每一台设备进行破坏性检查是不可能的，为此出现了无损探伤法。它是在不损伤被检工件的情况下，利用材料和材料中缺陷所具有的物理特性探查其内部是否存在缺陷的方法。

应用无损检测技术通常是为了达到四个目的：保证产品质量、保障安全使用、改进制造工艺、降低生产成本。

A 射线检测

（1）射线检测原理。射线照射在工件上，透射后的射线强度根据物质的种类、厚度和密度而变化，利用射线的照相作用、荧光作用等特性，将这个变化记录在胶片上，经显影后形成底片的黑度变化，根据底片黑度的变化可了解工件内部结构状态，达到检查出缺陷的目的。

（2）射线检测的特点。可以获得缺陷直观图像，定性准确，对长度、宽度尺寸的定量也较准确；检测结果有直接记录，可以长期保存；对体积型缺陷检出率高，对面积型缺陷如果照相角度不适当容易漏检；适宜检验厚度较薄的工件。不适宜检验较厚的工件；适宜检验对接焊缝，不适宜检验角焊缝以及板材、棒材和锻件等；对缺陷在工件中厚度方向的位置、尺寸（高度）的确定较困难；检测成本高、速度慢；射线对人体有害。

B 超声波检测

（1）超声波检测原理。超声波是一种超出人听觉范围的高频率机械振动波。超声波可以分为纵波、横波、表面波等多种波型。当介质中质点的位移与波传播的方向一致时为纵波；质点的位移与波传播的方向垂直时为横波；而表面波只能在工件表面传播。在固体中，各类声波都可以传播；在液体和气体中，只有纵波才可以传播。超声波在同一均匀介质中传播时速度不变，传播方向也不变，如果传播过程中遇到另一种介质，就会发生反射、折射或绕射的现象。制造设备使用的钢材可视为均匀介质，如果内部存在缺陷，则缺陷会使超声波产生反射现象，根据反射波幅的大小、方位，就能判定和测出缺陷的存在。

（2）超声波检测特点。对面积型缺陷的检出率较高，而对体积型缺陷检出率较低；适宜检验厚度较大的工件；适用于检测各种试件，包括检测对接焊缝、角焊缝，板材、管材、棒材、锻件以及复合材料等；检验成本低、速度快，检测仪器体积小、重量轻，现场使用方便；检测结果无直接见证记录；对缺陷在工件厚度方向上定位较准确；材质、晶粒度对检测有影响。

C 磁粉检测

（1）磁粉检测原理。铁磁性材料被磁化后，其内部产生很强的磁感应强度，磁力线密度增大几百倍到几千倍，如果材料中存在不连续，磁力线会发生畸变，部分磁力线有可能逸出材料表面，从空间穿过，形成漏磁场。因空气的磁导率远低于零件的磁导率，使磁力线受阻，一部分磁力线挤到缺陷的底部，一部分穿过裂纹，一部分排挤出工件的表面后再进入工件。这后两部分磁力线形成磁性较强的漏磁场。如果这时在工件上撒上磁粉，漏磁场就会吸附磁粉，形成与缺陷形状相近的磁粉堆积（称这种堆积为磁痕），从而显示缺陷。当裂纹方向平行于磁力线的传播方向时，磁力线的传播不会受到影响，这时缺陷也不可能检出。

（2）磁粉检测特点。适宜铁磁材料探伤，不能用于非铁磁材料；可以检出表面和近表面缺陷，不能用于检测内部缺陷；检测灵敏度很高，可以发现极细小的裂纹以及其他缺陷；检测成本很低，速度快；工件的形状和尺寸有时因难以磁化而对探伤有影响。

D 渗透检测

（1）渗透检测原理。零件表面被施涂含有荧光染料或着色染料的渗透液后，在毛细管作用下，经过一定的时间，渗透液可以渗进表面开口的缺陷中；除去零件表面多余渗透液后，再在零件表面施涂显像剂，同样在毛细管的作用下，显像剂将吸引缺陷中保留的渗透液，渗透液渗到显像剂中，在一定的光源下，缺陷中的渗透液痕迹被显示，从而探出缺陷的形貌及分布状态。

（2）渗透检测特点。除了疏松多孔性材料外任何种类的材料，如钢铁材料、有色金属、陶瓷材料和塑料等材料的表面开口缺陷都可用渗透检测；形状复杂的部件也可采用渗透检测，并一次操作就可大致做到全面检测；同时存在几个方向的缺陷时，用一次操作就可完成检测；形状复杂的缺陷也可容易地观察显示的痕迹；不需大型设备，携带式喷灌着色渗透检测不需水、电，十分方便现场检测；试件表面粗糙度对检测结果影响大，探伤结果往往易受操作人员技术水平影响；可以检出表面张口的缺陷，但对埋藏缺陷或闭口型的表面缺陷无法检出；检测程序多，速度慢，检测灵敏度较磁粉低；材料较贵，成本高，有些材料易燃、有毒。

E 涡流检测

（1）涡流检测原理。在工件中的涡流方向与给试件加交流电磁场的线圈（称为一次线圈或激励线圈）的电流方向相反，而涡流产生的交流磁场又使得激励线圈中的电流增加，假如涡流变化，这个增加的部分（反作用电流）也变化，测定这个变化，可得到工件表面的信息。

（2）涡流检测的特点。检测时与工件不接触，所以检测速度很快，易于实现自动化检测；涡流检测不仅可以探伤，而且可以揭示工件尺寸变化和材料特性，例如电导率和磁导率的变化，利用这个特点可综合评价容器消除应力热处理的效果，检测材料的质量以及测量尺寸；受集肤效应的限制，很难发现工件深处的缺陷；缺陷的类型、位置、形状不易估计，需辅以其他无损检测的方法来进行缺陷的定位和定性；不能用于绝缘材料的检测。

F 声发射探伤法

声发射技术是根据容器受力时材料内部发出的应力波判断容器内部结构损伤程度的一种新的无损检测方法。它与X射线、超声波等常规检测方法的主要区别在于，声发射技术是一种动态无损检测方法。它能连续监视容器内部缺陷发展的全过程。

G 磁记忆检测

处于地磁环境下的铁制工件受工作载荷的作用，其内部会发生具有磁致伸缩性质的磁畴组织定向的和不可逆转的重新取向，并在应力与变形集中区形成最大的漏磁场的变化。这种磁状态的不可逆变化在工作载荷消除后继续保留。磁记忆检测即通过漏磁场法向分量的测定，可以准确地推断工件的应力集中区。

2.5.1.3 测厚

厚度测量是承压类特种设备检验中常见的检测项目。由于容器是闭合的壳体，测厚只能从一面进行，所以需要采用特殊的物理方法，最常用的是超声波。

2.5.1.4 化学成分分析

钢铁材料元素分析的方法有原子发射光谱分析法和化学分析法两种。对在用承压类特种设备进行化学成分分析的目的，主要在于复核和验证材料的元素含量是否符合材料的技术标准，或者在焊接或返修补焊时借此制定焊接工艺，或者用于鉴定在用承压类特种设备壳体材质在运行一段时间后是否发生变化。

2.5.1.5 金相检验

金相检验的目的主要是检查设备运行后受温度、介质和应力等因素的影响，其材质的金相组织是否发生了变化，是否存在裂纹、过烧、疏松、夹渣、气孔、未焊透等缺陷。金相检验分为宏观金相和微观金相，折断面检查是宏观金相检验方法之一。

金相检验可以观察到设备的局部金相组织。对于材料的金相检验，根据有关标准，可以判定钢材脱碳层深度，测定低碳钢的游离渗碳体，亚共析钢的带状组织和魏氏组织，以及晶粒度等。对于金相检验结果的判定，目前尚无标准可循，通常可采用与典型缺陷金相图谱对比的方法来进行判定。通过断口金相检验，还可以帮助判定腐蚀、断裂的类型，分析造成容器失效的原因。

2.5.1.6 硬度测试

材料硬度值与强度存在一定的比例关系，材料化学成分中，大多数合金元素都会使材料的硬度升高，其中碳的影响最直接，材料中含碳量越大，其硬度越高。因此，硬度测试有时用来判断材料强度等级或鉴别材质；材料中不同金属组织具有不同的硬度，故通过硬度值可大致了解材料的金相组织，以及材料在加工过程中的组织变化和热处理效果；加工残余应力和焊接残余应力的存在对材料的硬度也会产生影响，加工残余应力和焊接残余应力值越大，硬度越高。

2.5.1.7 断口分析

断口分析是指人们通过肉眼或使用仪器观察与分析金属材料或金属构件损坏后的断裂截面，来探讨与材料或构件损坏有关的各种问题的一种技术。

断口是构件破坏后两个耦合断裂截面的通称。人们通过对断口形态的观察、研究和分析，去寻求断裂的起因、断裂方式、断裂性质、断裂机制、断裂韧性以及裂纹扩展速率等各种断裂基本问题，以使人们正确地判断引起断裂的真实原因究竟是起源于材料质量、构件的制造工艺、构件使用的环境因素影响，还是构件使用的操作因素等。

2.5.1.8 耐压试验

耐压试验即通常所说的液压试验（水压试验）和气压试验，是一种验证性的综合检验，它不仅是产品竣工验收时必须进行的试验项目，也是定期进行设备全面检验的主要检验项目。耐压试验主要用于检验设备承受静压强度的能力。

2.5.1.9 气密试验

气密试验又称为致密性试验或泄漏试验。

当介质毒性程度为极度、高度危害或设计上不允许有微量泄漏的压力容器，必须进行气密试验。气密性试验应在液压试验合格后进行。对碳素钢和低合金钢制压力容器，其试验用气体的温度应不低于5℃，其他材料制压力容器按设计图样规定。气密性试验所用气体，应符合气压试验的规定。压力容器进行气密性试验时，安全附件应安装齐全。

致密性的检查方法：在被检查的部位涂（喷）刷肥皂水，检查肥皂水是否鼓泡；检查试验系统和设备上装设的压力表，其指示是否下降；在试验介质中加入体积分数为1%的氨气，将被检查部位表面用质量分数为5%的硝酸汞溶液浸过的纸带覆盖，如果有不致密的地方，氨气就会透过而使纸带的相应部位形成黑色的痕迹。用此法检查容器致密性较为灵敏、方便；在试验介质中充入氦气，如果有不致密的地方，可利用氦气检漏仪在被检查部位表面检测出氦气。目前的氦气检漏仪可以发现气体中含有千万分之一的氦气存在，相当于在标准状态下漏氦气率为1cm^3/a，因此，其灵敏度较高；小型容器可浸入水中检查，被检部位在水面下20~40mm深处，检查是否有气泡逸出。

2.5.1.10 爆破试验

爆破试验是对承压类特种设备的设计与制造质量，以及安全性和经济性进行综合考核的一项破坏性验证试验，通常气瓶在制造过程中按批进行爆破试验。

2.5.1.11 力学性能试验

力学性能试验的目的是检测材料及焊接接头的力学性能。检测方法有拉力试验、弯曲试验、常温和低温冲击试验、压扁试验等。检测的力学性能有比例极限σ_P、弹性极限σ_e、屈服极限σ_s、抗拉强度σ_b、伸长率δ、断面收缩率ψ、弯曲、冲击吸收功A_{KV}等。

2.5.1.12 应力应变测试

应力应变测试的目的是测出构件受载后表面的或内部各点的真实应力状态。试验应力应变测试的方法主要有电阻应变测量法（简称“电测法”）、光弹性方法、应变脆性涂层法和密栅云纹法等，每种测试方法都有各自的特点和适用范围。

电测法是将作为传感元件的电阻应变片粘贴或安装在被测的压力容器表面上，然后将其接入测量电路，当设备受载变形时，应变片的敏感栅相应变形并将应变转换成电阻改变量，再通过电阻应变仪直接得到所测量的应变值。根据应力与应变关系的物理方程，即可将测得的应变值换算成被测点的实际应力值。用电测法可以进行大规模的多点应变测量，准确测定压力容器构件表面上任一点的静态到500kHz的动态应变，还可测得平面应力状态下某些点的主应力大小和方向。但是，此法只能测试压力容器表面的应力，不能显示容器表面整体应力场中应力梯度的情况。

2.5.1.13 应力分析

应力分析是指分析构件在载荷作用下的各应力分量。如分析一次总体薄膜应力、一次局部薄膜应力、一次弯曲应力、二次应力、峰值应力等。

2.5.1.14 断裂力学分析

断裂力学分析是应用断裂理论，对含缺陷构件的剩余强度和寿命进行分析的方法。断裂力学的观点认为，带裂纹的构件，只要裂纹扩展未达到临界尺寸，仍可使用。

2.5.1.15 风险评估

风险评价技术就是将设备发生事故的可能性（概率）和事故造成的危害程度（经济损失）进行综合考虑，将设备划分成不同的风险等级。

2.5.2 承压类特种设备检验检测内容

2.5.2.1 锅炉检验检测内容

锅炉检验包括内部检验、外部检验和水压试验。

A 内部检验

适用于工业锅炉（一般是指额定工作压力小于等于2.5MPa的锅炉）、电站锅炉（一般是指额定工作压力大于等于3.8MPa的蒸汽锅炉），以及额定工作压力在2.5~3.8MPa非标准系列的锅炉的检验。锅炉的内部检验一般每两年进行一次。除常规的检验外，遇下列特殊情况，应立即进行检验：

（1）新安装的锅炉在运行一年后。

（2）移装锅炉投入运行前。

（3）锅炉停止运行一年以上恢复运行前。

（4）受压元件经重大修理或改造后及重新运行一年后。

（5）根据上次内部检验结果和锅炉运行情况，对设备安全可靠性有怀疑时。

（6）根据外部检验结果和锅炉运行情况，对设备安全可靠性有怀疑时。

工业锅炉和电站锅炉内部检验的程序和范围又有所不同。工业锅炉内部检验的范围为：锅炉承压部件、锅炉范围内管道、分汽（水）缸、燃烧设备、炉墙（拱）及保温、安全附件及主要阀门等。电站锅炉内部检验的范围为：锅炉承压及承重部件、锅炉范围内管道、外置式分离器、集中下降管、炉墙及保温、密封装置、膨胀及指示装置、安全附件及主要阀门等。

B 外部检验

锅炉的外部检验一般每年进行一次。除常规的检验外，遇下列特殊情况，应立即进行检验：

（1）移装锅炉开始投入运行时。

（2）锅炉停止运行一年以上恢复运行时。

（3）锅炉的燃烧方式和安全自控系统有改动后。

C 水压试验

水压试验一般每六年进行一次。应在锅炉内部检验合格后，方可进行水压试验。对于无法进行内部检验的锅炉，应每两年进行一次水压试验。除常规的检验外，遇下列特殊情况，应立即进行检验：

（1）移装锅炉投入运行前。

（2）受压元件经重大修理或改造后。

电站锅炉的内部检验和水压试验周期可按照电厂大修周期进行适当调整。只有当内部检验、外部检验和水压试验均在合格有效期内，锅炉才能投入运行。

D 焊缝及锅炉质量的检验检测

在工业上，锅炉一般采用焊接连接，因此需对焊缝进行检验检测。焊接质量的好坏，直接影响着锅炉结构的使用性能与安全性。通过焊接检验发现焊缝中的缺陷，分析缺陷产生的原因，采取有效措施，避免不合格的产品出厂。产品检验前需检验下列项目：

（1）焊工资格。焊工应有与焊接项目相对应的合格证，并在合格项目范围内按焊接工艺指导书或焊接工艺卡进行焊接工作。

（2）焊接工艺评定及焊接工艺指导书。

（3）焊接设备的仪器仪表以及规范参数、调节装置（应在检定期内）。

对于焊缝的检测检验主要包括外观检验、无损探伤、力学性能试验、金相检验和断口检验以及水压试验。

2.5.2.2 压力容器检验检测内容

压力容器的检验工作多数是在容器制造过程中分阶段进行的。压力容器在投产使用一段时间后必须进行定期检验，以确定其能否继续安全使用。对在役压力容器进行定期检验时，常借助无损探伤手段检查裂纹。在检验前的资料审查中，根据各类容器给定的工作参数、结构特点、运行及修理情况，制定检验方案，把握检验重点，才能有效地控制安全质量。

A 根据容器服役时间确定检验内容

压力容器都有设计寿命，由于压力容器在运行期间起停频繁，长期工作，容易导致疲劳失效。任何事物的变化都存在一个量变到质变的过程，容器失效也应如此，失效前必然有一个塑性变形。因此，将变形的观察与测量作为检验工作的重点，并设置监控点。如筒体直线度、圆度，该项工作在首次检验即纳入检验方案。对压力容器设定检测基准，特别是大型容器更有必要，该类容器容量大，破坏力强，一旦发现有微量变形，就要采取监控手段。如采取缩短检验周期、定期检查、定点硬度测试等。

B 根据容器结构确定检验内容

压力容器结构千变万化，结构不连续的地方，始终是检验的重点。封头与筒体连接部位、开孔部、胀焊部、搭接部位、角接部位、不等壁厚部位，这些部位应力比较集中，长期运行，容易发生疲劳失效，出现裂纹，是检验过程中的重点。特别是长期处于交变载荷环境下工作和启停频繁的容器，更要高度重视。对运行6年以上的容器，要考虑对结构不连续的部位进行表面探伤抽查，及时发现问题并及时处理，杜绝恶性事故的发生。

C 根据容器高温工作特点确定检验内容

所谓高温是指工作温度在350℃以上。受力作用的钢材在高温条件下不断塑性变形的现象称为“蠕变”现象。碳钢在350℃以上就会出现较明显蠕变现象。在高温条件下，一般都是由合金材料组成，通过加入Cr、Mo、V、Nb等合金元素来提高其热强性能及抵抗蠕变的能力。根据蠕变机理：“在力的作用下，金属由于塑性变形而强化了；在高温作用下，又软化了；已软化的金属在力的作用下，又产生塑性变形，金属再度强化……这样交替地发展下去，即构成了力及高温作用下金属不断塑性变形的蠕变现象。”对于此类工作在高温条件下的容器，则在首次检验时，就设定防蠕变观察点，同时加上硬度测试，密切掌握其材料的蠕变动向，有效地防止因蠕变而导致设备的破坏。对于不锈钢容器，虽然它工作温度不是处于高温工作区域，但在焊制过程中，必然有一段时间工作在高温区域. 而450~850℃是不锈钢的敏化区，必然会存在贫铬区，对于有晶间腐蚀倾向的介质来说，容易具备晶间腐蚀的条件。所以，对于不锈钢容器的检查，其重点在热影响区，在检验过程中必须引起高度重视。

D 根据介质特性确定检验内容

压力容器工作在各种各样的介质中，而不同的介质对容器的腐蚀效果是不相同的，对于年腐蚀速度较小的介质来说，不是监控的重点，监控的主要对象是那些容易对设备造成电化学腐蚀的介质和造成应力腐蚀的介质。电化学腐蚀的特点是不同介质相接触，存在电位差，这时的腐蚀现象是，如果接触是面，就存在均匀腐蚀。如果接触是点，就会出现点蚀或孔蚀、孔。在制定检验方案时，对边角要重视，在考虑宏观检查的同时，辅助表面探伤检测。应力腐蚀的特点不仅是介质，同时存在高应力。

在用压力容器定期检验过程中，检验的内容是：冷却器的加热与冷却侧的传热面；加热器与锅炉的加热用介质（水和水蒸气）和工作介质的传热面处；换热管的胀管部位；钢管与管板或隔板的间隙处；列管式热交换器上管板下面的换热管外壁。而对于液氨引起的应力腐蚀，一般发生在液体与气体交界面处。

E 根据容器运行及修理状况确定检验内容

压力容器在运行资料中反映出的问题不容忽视，在资料审查中发现超温超压，就有可能出现变形：鼓疱与微裂纹，在制定检验方案时就要考虑表面探伤抽查，及时发现问题，及时消除，预防恶性事故的发生。对修理部位的重点检查是定检后的第一年，也是检验其修理的质量能否满足安全使用的关键，根据设备事故发生率浴盆原理，第一年是事故发生率的高峰期，在制定检验方案的时候，就要根据修理的部位来决定其检验内容，找出缺陷，才能确保设备运行安全。

2.5.2.3 压力管道检验检测内容

A 压力管道安装质量检验的内容

（1）技术资料。

1）管道安装单位须到各地锅炉压力容器和特种设备安全监察处办理安装许可审批手续，获得批准后方允许进行管道安装。

2）对设计单位的资料和设计的技术文件进行审查。

（2）技术准备。重点是抓住设计图会审和技术交底、安装单位的施工方案讨论及工艺文件的审查，为以后的监检工作提供方便。

（3）材料。必须审查材料、焊接材料、管件和阀门的原始质量证明书、合格证等。

（4）管道的加工和组装。监检人员应抽查坡口的加工质量、焊缝布置、对口错边量以及定位焊的质量。

（5）管道的焊接。监检人员在监检过程中应重点审查焊接工艺评定报告、焊工资格、焊接工艺和焊接工艺纪律的执行，焊后对口错边量及表面质量。

（6）热处理。重点审查热处理工艺、曲线和报告。

（7）无损检测。重点审查人员资格、探伤工艺和探伤底片，抽查的底片数量应大于30%。

（8）管道下沟回填。重点检查管道的防腐层制作，下沟回填前的防腐层质量检查以及管道的埋藏深度。

（9）保护工程。管道的阴极保护是防止管道腐蚀的重要环节，要对保护工程的质量和资料进行审查并予以确认。

（10）耐压试验。强度试验前对资料进行审查，符合要求后方可同意试压。

（11）严密性试验。试验监检人员应在场，确认结果有效。

（12）竣工验收。对管道的交工和存档的技术文件，监检人员应进行审查，提出整改意见，以确保管道的安装符合设计图、规范和标准的要求。

B 压力管道的定期检验

输送易燃、易爆、高温、高压介质的压力管道工作的可靠性，不但影响整个工作系统的正常运转，也关系到生产的安全，所以压力管道使用过程中必须严格执行定期检验制度，检查中发现的问题应及时解决、处理，确保安全。

对管道进行定期检验首先要商定检验日期，指定检测部位；查阅原始资料，了解管道的结构、规格材质、壁厚以及安装质量和历次检修、检验质量状况，审查有关运行记录，详细了解使用过程中的突变情况，最后制定切实可行的检验方案。

C 压力管道检测检验方法

a 宏观检查

宏观检查用来确定管道表面、绝热层、涂层、覆盖层以及相关金属构件的情况，并核查管道偏离、振动和泄漏的迹象，包括直观检查和量具检查。

（1）直观检查主要凭借鉴定检验人员的视觉、听觉和触觉，对管道内、外表面进行检查，以判断其是否存在缺陷。

（2）量具检查是采用简单的工具和量具对直观检查所发现的缺陷进行测量，以确定其严重程度。量具检查是直观检查的补充手段，如测量管道及其组成件的结构尺寸、变形程度、偏心度、位移量，以及腐蚀、咬边、磨损、鼓包的深度(高度)、裂纹长度等。

b　壁厚测定

壁厚测定对了解介质对管道的腐蚀情况，估算管道系统的剩余寿命极其重要。在选择和调整测厚点的数量和位置时，应考虑工艺装置可能或曾经受到的腐蚀形式。理论上，均匀腐蚀的管段有一个测厚点即可。实际上，腐蚀永远不可能均匀，因此就需要更多的测厚点。测厚点的位置应根据管内介质的物理状况及流向，选在易受冲刷的部位或可能积液的部位。测定点数要能满足受检设备检验判断的需要，如在测定时发现管道壁厚有异常时，应在异常点附近增加测点，确定异常区域大小，必要时采用其他检测手段辅助检测。宏观检查和壁厚测定是压力管道检验最常用的方法，是进一步选用其他检验手段的基础。

c　表面无损检测

表面无损检测是检测宏观检查中不易发现或漏检的表面缺陷和近表面缺陷的重要手段，是宏观检查的补充，通常采用磁粉检测（MT）和渗透检测（PT），其中 MT 在确定管道是否处于令人满意的状态时是十分有用的，不仅能有效检出表面缺陷，而且还能发现近表面缺陷，因此 PT 可视为 MT 的替代方法。

在下列情况下，应进行表面无损检测抽查：

（1）宏观检查中发现裂纹或有可疑情况的部位。

（2）内表面焊缝有裂纹部位的相应外表面焊缝部位。

（3）低温管道焊缝有咬边部位及其他修磨部位。

（4）需要补焊的部位。

（5）奥氏体不锈钢管道绝热层破损或可能渗入雨水的部位，应进行 PT 检测。

（6）处于应力腐蚀环境中的管道，应进行表面无损检测。

（7）有疲劳破坏倾向的管道，应在焊接接头和容易造成应力集中的部位进行表面无损检测。

d 内部无损检测

内部无损检测用来检测工件（焊缝）埋藏缺陷，如裂纹、气孔、夹渣、未焊透、未熔合等。通常采用射线检测（RT）和超声波检测（UT）。有下列情况之一者，要进行 RT 或 UT 抽查，必要时还应互检。

（1）制造、安装中返修过的焊接接头和安装时固定口的焊接接头。

（2）表面检测发现裂纹的焊接接头。

（3）错边量和咬边严重超标的焊接接头。

（4）泵、压缩机进出口第一道焊接接头或相近的焊接接头。

（5）使用中发生泄漏的部位及附近的焊接接头。

（6）需进行安全评定的管道部位。

（7）支吊架损坏部位附近的管道焊接接头。

（8）异种钢焊接接头。

（9）硬度异常的焊接接头。

（10）用户和检验员认为有必要检查的部位。

e 理化检验

在使用中需要确定材质以及具有产生材料劣化条件或迹象的管道，须结合具体情况分析，必要时可采用化学成分分析、光谱分析、硬度测定和金相检验等理化检验手段作进一步检验。

f 压力试验

（1）经全面检验的管道一般应进行压力试验，试验前应经强度校核合格。

（2）有下列情况之一时，应进行压力试验：1）焊接改造的；2）使用条件变更的；3）停用两年以上重新投用的；4）检验员指定的。

压力试验的温度水平、压力水平和评定标准应符合有关规定。

（3）对于不能进行压力试验的管道检验，除按规定进行必要的项目检验外，还应进行以下项目检验：1）对所有焊接接头和角焊缝（包括附件上的焊接接头和角焊缝）进行 MT 或 PT；2）对焊接接头 100%RT 或 100%UT；3）进行泄漏性试验。

g 埋地管道的检验

与其他管道不同，埋地管道因为腐蚀土壤环境可以造成严重的外部腐蚀。由于难以接近管道的受影响区域，使管道的检验难以进行。其检验要点如下：

(1) 通过勘察埋地管道路径来识别泄漏区域，主要包括地面轮廓的变化、土壤颜色的改变、路面沥青的变软、形成小水坑、水坑里冒水泡和显著的气味等。亦可采用管道智能漏磁检测装置（俗称“管道猪”）来确定管道的内、外部状况，其中能够测量壁厚的管道猪可以确定管道的外部状况。

(2) 对于有阴极保护但涂层不佳的管道，应每5年进行一次管道—土壤电位检测；对于没有阴极保护的管道或由于外部腐蚀导致泄漏的部位，应沿管道路径方向进行电位检测。应在腐蚀电流活跃的部位进行挖掘，以确定其腐蚀破坏程度。

(3) 挖掘检查可以确定埋地管道的外部状况，开挖的位置是按风险评价的结果确定，对损伤风险高的管段进行开挖检测，不进行全线开挖。挖掘时，应小心挖掘管道四周的土壤，以避免破坏管道及其涂盖层，快接近管道时应人工挖掘。如果挖到一定的深度，应按照有关安全规定，在管沟两侧适当支撑，以防塌方。挖掘时，若发现涂盖层或包装材料损坏，应将其剥离，检查内部的金属状况；若发现管道腐蚀，应对其余管道进行挖掘检验，直到弄清损坏的程度，若平均壁厚小于或等于最小使用厚度时，则应对管道进行修理或更换。

(4) 如果管道外部装有套管，应对套管进行检验，以确定水或土是否进入套管。套管两端应伸出地平线；如果套管自身不排水，则套管末端是密封的；承压管道应有适当的涂盖层和包扎物。

(5) 当管道的阴极保护电位递减，或者涂盖层缺陷处发生的外部腐蚀泄漏时，应进行管道涂盖层损坏检测。可以通过PCM或SL2098等埋地管道外防腐层检测仪器进行检测，可以发现涂盖层的破损点和针孔、防腐欠佳等缺陷，同时还可得到管道走向、埋深等信息。

(6) 通过测量土壤电阻率来确定土壤的腐蚀性，并可根据土壤电阻率确定管道的检验周期。例如，对于没有有效阴极保护的埋地管道，土壤电阻率小于2000Ω·cm，检验周期为5年；在2000~10000Ω·cm之间的，检验周期为10年；大于10000Ω·cm的，检验周期为15年。

(7) 定期进行密封试验。对于无阴极保护的管道，可以选择或补充密封试验（试验压力为最高工作压力的1.1倍）。密封试验持续8h。若在稳压过程中，压力降低超过了5%，应对管道进行内、外部检查，寻找泄漏并确定腐蚀程度。

2.6 承压类特种设备安全运行与管理

2.6.1 锅炉的安全运行与管理

2.6.1.1 运行准备

锅炉投入运行前，必须认真仔细地进行内、外部检查，尤其是新安装或受压元件经过重大修理的锅炉，必须经有关部门验收合格。在用锅炉经年检、整修合格后，方可进行起动的准备。

A 点火前的检查工作

新装、移装、改装或检修后的锅炉，以及长期停用的锅炉，必须经过检查合格后才准许点火使用。检查内容主要有以下几方面：

(1) 内部检查。检查锅筒、集箱及受热面管子内的污垢是否清除干净，有无严重腐蚀或损坏；锅筒内部装置，如汽水分离装置、连续排污管、锅筒底部定期排污管等部件是否齐全完好。

检查锅筒、集箱内部有无遗留的工具杂物，并用通球法检查炉管是否畅通。经检查认为合格后，关闭人孔、手孔。

(2) 外部检查。检查炉膛、烟道、风管中有无杂物、灰渣及遗留的工具炉墙、炉拱、吹灰设备等是否完好；炉门、灰门、风门等是否完整齐全并能严密关闭；烟道闸门是否操作灵活。

检查各焊口、胀口处有无松动、变形等现象；水冷壁管、后棚管和烟道等外形是否正常，有无结焦、胀粗等缺陷，下降管绝热是否完好。

检查各路管道是否装妥接通，是否正确地加以支撑；汽水管路系统是否畅通，排污疏水系统是否完好，开关位置是否正确。

对于燃油锅炉，应检查炉膛有无积油，供油管道有无漏油现象。

(3) 安全附件及各种仪表检查。检查安全阀、压力表、水位表是否符合安全技术要求；高低水位报警装置、超压保护、连锁保护、各种热工测量仪表和控制装置是否灵敏、可靠。

(4) 转动机械检查。对于风机、水泵等转动设备，要检查它们的保护罩是否装好，基础螺钉是否旋紧，轴承是否已清洗过并加润滑油。用工具盘动靠背轮，使风机转动，检查有无撞击或摩擦现象。进行试运转，检查转动方向。

对于链条炉排，应检查传动部分润滑是否良好。可起动试运转，检查转动是否平稳，有无卡住、跳动、啮合不良、跑偏及异常声响等情况。

B 点火前的准备

在锅炉点火前的检查工作完毕之后，即可进行锅炉的上水工作。此时应开启锅筒上的空气旋塞，以便在锅炉上水时排除锅炉内的空气。上水时，速度要缓慢，水温不宜过高，以防锅炉受热不均匀而产生热应力，使管子胀口处出现缝隙而泄漏。进水温度：夏季不超过90℃；冬季不超过50℃。在上水的同时，应注意检查人孔盖、手孔盖、法兰接合面及排污阀等有无漏水现象。当发现泄漏时，应拧紧螺钉；若仍然泄漏，则应停止上水，待消除泄漏后再重新上水。

锅炉上水时水位不宜太高。对蒸汽锅炉，当锅内水位上升至水位表的最低水位线时，即可停止上水；对热水锅炉，当锅炉顶部集气罐上的放气阀有水冒出时，上水即告完毕。进水前，应先将给水管道、省煤器内的空气排除，以免产生水击。

上水期间，应加强检查锅筒、集箱的人孔和手孔盖及各部位的阀门、法兰等是否有泄漏现象；停止上水后，注意观察水位是否保持不变。发现漏水，应立即停止上水并进行处理。

2.6.1.2 烘炉与煮炉

新装、移装及大修或长期停放准备重新投入运行的锅炉，在投入运行前应进行烘炉和煮炉。

A 烘炉

a 烘炉的目的

新装、移装及大修或长期停运的锅炉，炉墙内含有较多的水分，如不经烘炉处理，一旦与高温烟气接触，水分受热会急剧蒸发损坏墙砖和灰缝，造成炉墙裂纹甚至倒塌。烘炉就是妥善地去除掉炉墙内的水分，提高炉墙强度和保温能力的有效方法。烘炉是一项很重要的工作，若操作不当也同样会引起炉墙裂缝、变形甚至倒塌。

b 烘炉前的准备

(1) 锅炉本体及其附属装置全部组装完毕经校验和水压试验合格，并得到当地劳动部门认可。

(2) 安全附件、热工仪表和电气仪表的安装经检验合格。

(3) 炉墙砌筑与保温工作已经完成，耐火混凝土构件已超过其养护期。

(4) 燃烧设备、鼓风和引风机等燃烧系统在冷态下试运行合格。

(5) 将各处的膨胀指示器调整至零位。

(6) 燃烧火焰烘炉和热风烘炉时，关闭各烟道门孔和炉门；只打开烟道闸门时，用蒸汽烘炉时，开启所有烟道门孔及炉门。

(7) 用灰浆试验法控制烘炉情况时，在炉墙上设灰浆取样点；用测温法时应装设温度计。

(8) 应将锅筒上的空气阀和过热器的疏水阀开启，向锅筒内注入经处理的软化水，热水炉应注水到空气阀冒水为止，蒸汽炉到最低安全水位为止，并将水位计冲洗干净。

(9) 省煤器也应充满软化水。对于非沸腾式省煤器，应开启旁路烟道挡板，关闭主烟道挡板。如无旁路烟道时，必须将省煤器再循环管接通。

(10) 做好烘炉的组织工作，制定烘炉操作程序，绘制烘炉计划温升曲线图。纵坐标为烘炉温度，横坐标为烘炉时间。在整个烘炉期间必须有专人负责。

c 烘炉操作

烘炉视热源情况可采用燃烧火焰、热风和蒸汽三种方法烘烤。燃烧火焰烘炉在工业锅炉上应用最广泛；轻型炉墙锅炉在有热风条件下可采用热风烘炉；有水冷壁的锅炉，在有蒸汽来源的情况下采用蒸汽烘炉是很方便易行的。

烘炉时间的长短与锅炉形式、容量大小、炉墙结构及所用材料、砌筑季节以及自然干燥时间的长短有关。一般轻型炉墙为4~7天，重型炉墙为7~15天。若炉墙潮湿、气候寒冷、烘炉时间还应适当延长。

完全用火焰烘炉时，把火焰点在炉墙中央。先点燃用小火烘烤，然后开烟道挡板。重型炉墙第一天温升不超过50℃，轻型炉墙第一天温升不超过80℃。3天后，可逐渐加少量的燃料，随着燃烧的加强、烟道挡板可适当开大，对于蒸汽锅炉，炉水可以加热到沸腾，而热水锅炉，锅水温度不许超过95℃。烘炉后期，应起动引、鼓风机进行强制通风。机械炉排锅炉烘炉时，应将燃料分散均匀，并不得堆积在前后拱处，炉排应定期转动，以防烧坏。

烘炉后期可以与煮炉工作同时进行。

d 烘炉合格标准

炉墙在烘炉时不应出现裂纹和变形，由以下两种方法确定烘炉已经合格。

(1) 灰浆试样法。在燃烧室两侧墙中部的炉排上方1.5~2.0m处和过热器

（或相当位置）两侧墙中部，取耐火砖。红砖的丁字交叉缝处的灰浆样（各50g）的含水率应低于2.5%。

(2) 测温法。在燃烧室两侧中部炉排1.5～2m处的红砖墙外表面向内100mm处温度应达50℃，并持续烘炉48h；或在过热器（或相当位置）的侧墙耐火砖与隔热层结合处的温度达到100℃，并持续48h。

烘炉结束后，应用耐火泥将炉墙上所有的排气孔堵塞。

B 煮炉

a 煮炉的目的

新装锅炉或受压部件经过大修、改造的锅炉必须进行煮炉。煮炉是除去锅炉受压元件及其水循环系统内所积存的污物、铁锈及安装过程中残留的油脂，以确保锅炉内部清洁，保证锅炉的安全运行和获得优良品质的蒸汽，保证锅炉能发挥应有的热效率。

b 煮炉的操作

煮炉操作在炉墙灰浆含水率降低到10%或在烘炉后期即可与烘炉同时进行，以缩短烘炉和煮炉时间，并节约能源。

煮炉是在锅水中加入碱类药剂，使锅内的油脂和碱起皂化反应而沉淀，并通过排污法将沉淀物排出。药剂一般常用氢氧化钠和磷酸三钠，也可用无水碳酸钠。这些药品应事先配成溶液（一般为20%），再将药液从锅筒上部人孔或安全阀座法兰孔投入，或与锅炉给水同时注入锅内。

对于蒸汽锅炉，先使锅炉保持低水位，待锅炉点火升温后保持较高水位。在蒸汽阀排出蒸汽时，关闭空气阀开始升压，升压时要冲洗水位计和压力表存水弯管。煮炉后期应使蒸汽压力保持在工作压力的75%左右，煮炉一般为24～72h，煮炉时间的长短与炉型、容量大小和锈蚀及油污程度有关。如在较低压力下煮炉，则应适当延长煮炉时间。

煮炉完毕后，应使锅炉锅筒内的水自然冷却到70℃后开启锅筒上的空气阀，并开启排污阀将锅炉水排出，再用清水将锅炉内部冲洗干净。

热水锅炉运行时，锅水与系统网路是整体循环的，但在煮炉时一般只在热水锅炉上单独进行，待煮炉结束后再对热水锅炉连同系统网路进行很好的冲洗和清洗。煮炉时锅水温度应控制在95℃以下而不致产生蒸汽。放汽阀自始至终应开启。注意在煮炉过程中若有蒸汽排出时要及时向锅炉补水至放汽阀出水为止，其他操作与蒸汽锅炉相同。

c 煮炉的合格标准

检查锅筒、集箱内壁无油垢；擦去附着物后金属表面应无锈斑；管路与阀门(包括排污阀)应清洁无堵塞，即为煮炉合格。当煮炉不符合要求时，应进行第二次煮炉，此时只按铁锈较少的新锅炉加药即可。

2.6.1.3 锅炉运行安全操作

A 点火与升压

a 点火

一般锅炉上水后即可点火，进行烘炉和煮炉的锅炉，待煮炉完毕，排水清洗后，再重新上水，然后点火升压。

点火前将各阀门调整到点火要求的位置。打开炉膛门孔和烟道挡板及灰门，并起动引风机进行炉内通风，通风时间不得少于5min。点火应按不同的燃烧设备所规定的操作方法进行。链条炉排可用木柴引火，严禁用挥发性强烈的油类或易燃物引火。点燃引燃物后，间断地起动引风机；待引燃物烧旺后，调整煤层厚度；当煤燃烧后，起动引风机，开动炉排，增加给煤量，并起动送风机，调整好风量。燃油炉和煤粉炉在点火时要注意防爆。点火前必须按规定彻底地通风，燃烧器点火必须用火把。一次点火没成功，不得接着再次点火，在充分通风换气后，再重新点火。

点火后，应密切注意锅炉水位。如水位不断上升，可适当放水，以维持正常水位。

b 升压

锅炉点火后，随着燃烧加强，开始升温、升压。升温期间可适当在下锅筒排水，并相应补充给水，促使上、下锅筒水循环，减小温差，使锅水均匀地热起来。

随着压力的升高，操作人员应在不同的压力下进行有关的操作和检查工作。当蒸汽从空气阀或提升的安全阀排汽管内冒出后，即可关闭空气阀或安全阀。当压力升至0.05~0.1MPa时，应首次冲洗水位表；冲洗后，应校对水位。当压力升至0.1~0.2MPa时，应冲洗压力表的存水弯管，检查压力表的可靠性。当压力升至0.3MPa时，检查各连接处有无渗漏现象，检查人孔、手孔和法兰的连接螺栓是否松动，松动的重新拧紧。操作时应侧身，用力不宜过猛，在压力继续升高后，禁止再次紧固螺栓。当压力升高到0.4MPa时，应启用给水设备和排污装置。排污前应先给锅炉上水，排污时注意监视水位，排污后要严密关闭各排污阀，检查有无漏水现象。当压力升到接近工作压力时，再次冲洗水位表，对安全阀进行手动排汽试验，并减弱燃烧，准备进行暖管与并汽。

对于热水锅炉，在点火前，应根据整个采暖系统的特点，全部开启出口阀门和各处的放空阀，使全系统充满水，然后起动循环水泵，待锅水开始循环后即可点火升温。循环水泵应在其出口阀门关闭的情况下起动，而后先开启旁通阀，再逐渐开启水泵出口阀门。待锅炉运行正常后，再关闭旁通阀或开大进出口阀门。

c 点火升压阶段的安全注意事项

从锅炉点火到锅炉蒸汽压力升至工作压力，这是锅炉起动中的关键环节，其间需要注意以下的安全问题。

（1）防止炉膛爆炸。锅炉点火前，炉膛、烟道中可能残留可燃气体或其他可燃物，与空气混合达到一定浓度时，遇明火即猛烈爆燃，形成爆炸。因此，点火前，必须开动引风机对炉膛和烟道至少通风 5min。燃油炉、燃气炉、煤粉炉点燃时，应先送风，之后投入点燃火把，最后送入燃料，而不能先输入燃料再点火。一次点火未成功，必须首先停止向炉内供给燃料，然后进行充分通风换气后，再进行点火，严禁利用炉膛余热进行二次点火。

（2）控制升温升压速度。控制升温升压速度的目的是防止锅炉受热面产生过大的热应力。对于锅筒，由于它壁厚较大，在升温升压过程中，存在着沿壁厚的温差及上、下壁面间的温差，因而会产生热应力。对于受热面管子，由于长度很长而壁厚较小，在升温过程中的主要问题是整体热膨胀。同时，管子沿轴向的膨胀受到限制时，也会产生很高的热应力。为了防止产生过大的热应力，升压速度一定要缓慢，一般要求介质温升不超过 55℃/h；要求锅筒内、外壁及上、下壁间的温差不超过 50%。全部点火升压所需的时间因炉型而异，水管锅炉一般为 3~4h，快装锅炉为 1~2h，立式锅壳锅炉为 1~2h，有砖砌烟道的卧式锅壳锅炉为 5~6h。

（3）注意过热器和省煤器的冷却。在点火初期，由于没有汽化和供热，锅炉不需要进水，过热器和省煤器得不到流动的冷水冷却，如不采取有效保护措施，很容易发生损坏事故。因此，点火时要注意打开过热器上全部疏水阀和排汽阀，直到汽压升到高于大气压，蒸汽从排汽阀和疏水阀大量冒出时，才可将这些阀门关闭。

（4）严密监视和调整指示仪表。点火升压过程中，锅炉的蒸汽压力、水位及各部件的工作状况在不断变化，为了防止异常情况及事故的出现，必须严密监视各种指示仪表，控制锅炉压力、温度、水位在合理的范围之内。同时，各种指示仪表本身也要经历从冷态到热态，从不承压到承压的过程，也要产生热膨胀，会出现卡住、堵塞或转动不灵等现象。因此，在点火升压过程中，应按规定的程序冲洗水位表，冲洗压力表的存水弯管，试用排污装置，校验安全阀，确保这些装置准确可靠。

B 暖管与并汽

a 暖管

所谓暖管，就是用蒸汽将常温下的蒸汽管道、阀门、法兰等缓慢加热，使其温度均匀升高，同时将管道中的冷凝水驱出，以防送汽时发生水击而损坏管道、阀门和法兰。暖管一般在锅炉汽压升至额定工作压力的三分之二时进行，其时间的长短应根据管道长度及直径、蒸汽温度、季节气温等情况而定。一般工作压力在0.8MPa以下的锅炉，暖管时间不应少于30min。

(1) 暖管的操作程序。对单台运行的锅炉，暖管的范围是主汽阀出口至用汽设备之前的蒸汽管道。可以在升压前就开启锅炉的主汽阀和分汽缸上的隔绝阀，同时打开分汽缸上的疏水阀，利用锅炉升压过程中产生的蒸汽来缓慢预热。管道随着锅炉的升压升温而同时升压升温，这样既省去了暖管时间，又安全方便。

几台锅炉同时运行共用一条蒸汽母管时，暖管的范围是新起动锅炉主汽阀之后到蒸汽母管之前的这段管道及管道附件。暖管前，先开启蒸汽管道上的疏水阀，排除冷凝水，直至正式供汽时再关闭；然后缓慢开启锅炉主汽阀或主汽阀上的旁通阀约半圈，待管道充分预热后再全开；缓慢开启分汽缸进汽阀，使管道汽压与分汽缸汽压相等。

(2) 暖管时的注意事项。暖管时，如发现管道膨胀或吊支架有不正常的现象，或管道发生振动或水击时，应立即关闭主汽阀停止暖管，待查明原因和消除故障后再继续暖管。若检查无异常现象，则表明暖管升温速度太快，须放慢通汽速度，即关小主汽阀、减小通汽量。各汽阀全开后应回转半圈，防止汽阀因受热膨胀后卡住。暖管结束后，关闭蒸汽管道上的疏水阀和旁通阀。

b 并汽

并汽也叫并炉，即新投入运行的锅炉向共用的蒸汽母管供汽。当新投入运行的锅炉已完成通往分汽缸隔绝阀前蒸汽管道暖管后，锅炉设备及管道等一切正常，即可准备供汽。

并汽前，操作人员必须与其他运行中的锅炉操作人员联系，然后适当减弱燃烧，打开蒸汽母管和主汽管上的疏水阀；冲洗水位表，并使锅炉水位略低于正常水位，以防止开主汽阀时大量蒸汽输出而引起汽水共沸。并炉应在起动锅炉的蒸汽压力稍低于蒸汽母管内汽压（相差 0.05～0.1MPa）时进行。先缓慢打开主汽阀及隔绝阀（有旁通阀的应先开旁通阀），等管道中听不到汽流声时，才能开大主汽阀。主汽阀全开后，应回关一圈，然后关闭旁通阀及蒸汽母管和主汽管上的疏水阀。并炉时需注意监视水位、汽压的变动情况，若管道内有水击现象，应加强疏水后再并炉。

并汽后，打开省煤器烟道，关闭旁通烟道；打开连续排污阀，进行表面排污；对所有测量和控制仪表再次进行检查。

对于有蒸汽过热器的锅炉，在升压过程中还应开启过热器出口集箱上的疏水阀，使蒸汽通过过热器的蛇形管来冷却过热器。随着锅炉压力的升高，可将过热器出口集箱的疏水阀慢慢关闭。在并炉工作全部进行完毕时，蒸汽过热器出口集箱上的流水阀也应完全关闭。

C 监督和调整

锅炉运行时，其负荷是经常变化的，锅炉的蒸发量必须随着负荷的变化而变化，适应负荷的要求。因此，在锅炉运行期间，必须对其进行一系列的调节，如对燃料量、空气量、给水量等作相应的改变，才能使锅炉的蒸发量与外界负荷相适应。否则，锅炉的运行参数（汽压、汽温、水位等）就不能保持在规定的范围内。与此同时，锅炉设备的完好程度，对锅炉运行的安全性和经济性影响很大。因此，对运行中的锅炉进行及时、准确的调节以及进行严格、科学的管理，是保证锅炉安全、经济运行的必要手段。

a 锅炉运行监督调整的任务

为使锅炉设备安全、经济地运行，必须经常监视其运行情况的变化，并根据负荷的改变及时对运行工况进行适当的调整。否则，不仅会造成经济上的损失，而且可能导致事故的发生。运行中对锅炉进行监督和调整的主要任务是：

（1）维持锅炉蒸发量为额定值，或使蒸发量与外界负荷相适应。

（2）使汽压、汽温稳定在规定的范围内。

（3）均衡给水并保持锅炉的正常水位。

（4）保证燃烧及传热良好，尽量减少热损失，提高锅炉的热效率。

（5）定期检查锅炉设备，包括给水设备、其他辅助设备等，使之保持良好的工作状态。

b 水位的调节

锅炉的水位是保证正常供汽和安全运行的重要指标，因此，运行期间操作人员应不间断地通过水位表监督锅内的水位。

（1）水位变化的范围。锅炉正常运行时，应保持水位在水位表正常水位线处有轻微波动。负荷低时，水位稍高；负荷高时，水位稍低。在任何情况下，锅炉的水位不应降低到最低水位线以下和上升到最高水位线以上。通常，水位允许的变动范围，一般不超过正常水位线上、下 50mm。水位过高会降低蒸汽品质，严重时甚至造成蒸汽管道内发生水击；水位过低会使受热面过热金属强度降低，导致被迫紧急停炉，甚至引起锅炉爆炸。

（2）水位与负荷变化的关系。锅炉水位的变化，实际上反映的是给水量与蒸发量之间的关系。当锅炉负荷稳定时，如果给水量与锅炉的蒸发量（及排污量）相等，则锅炉水位就会比较稳定；如果给水量与锅炉的蒸发量不相等水位就要变化。间断上水的小型锅炉，由于给水与蒸发量不相适应，水位总在变化，最容易造成各种水位事故，更需要加强运行监督和调节。

对负荷变动的锅炉来说，水位的变化主要是负荷变化引起的。负荷变动引起蒸发量的变动，要维持锅炉的正常水位，就必须及时调节给水量以适应蒸发量的变化。例如，负荷增加蒸发量相应增大，如果给水量不随蒸发量相应地增加，水位就会下降。因而，水位的变化在很大程度上取决于给水量、蒸发量、负荷三者之间的关系。

另外，锅炉负荷的突然变化，还会造成虚假水位的出现，其原因是：当负荷突然大幅度变化时，由于蒸发量一时难以跟上负荷的变化，蒸汽压力就会突然变化，这种压力的突然变化也会引起水位的变化。例如，当负荷突然增大时，蒸汽压力会突然下降，饱和温度随之下降并导致部分饱和水的突然汽化，水面以下气体容积会突然增加而造成水位的瞬时上升，形成虚假水位。待大量气泡逸出水面后，水位又下降。反之，当负荷突然降低时，水位会出现先下降再上升的现象。运行调整中，应考虑到虚假水位出现的可能，不被一时的假象所迷惑。

（3）水位的控制和调节。水位的调节一般是通过改变给水调节阀的开度来实现的。目前，很多锅炉已采用给水自动调节器，对稳定水位有明显的作用。但若发现水位不正常地过高或过低时，应操作手动给水调节阀进行给水量的调整，然后对自动给水调节器进行检查，及时消除存在的故障。

为了使水位保持正常，锅炉在低负荷运行时，水位应稍高于正常水位，以防负荷增加时水位降得过低；锅炉在高负荷运行时，水位应稍低于正常水位，以免负荷降低时水位升得过高。

为对水位进行可靠的监督，锅炉运行中要定时冲洗水位表，一般每班冲洗2~3次，冲洗时应注意阀门的开关顺序，不要同时关闭进水和进汽阀，否则会使水位表玻璃的温度和压力升降过于剧烈，造成破裂事故。另外，冲洗水位表之前，要注意检查水位表是否存在泄漏，可用手电检查旋塞和各连接部位。如果玻璃面上有水气凝结，就说明有泄漏，应及时排除。当水位表内看不见水位时，应立即检查水位表。或采用“叫水”的方法，查明锅内实际水位，在未判明锅内实际水位的情况下，严禁上水。

c 汽压的调节

（1）汽压与负荷变化的关系。蒸汽压力是锅炉运行中必须监视和调节的另一个主要参数，汽压的波动对安全运行影响很大，超压则更危险。蒸汽压力的变动通常是由负荷变动引起的。当外界负荷突减，小于锅炉蒸发量，而燃料燃烧还未来得及减弱时，汽压就上升；当外界负荷突增，大于锅炉蒸发量，而燃烧尚未加强时，汽压就下降。因此，对汽压的调节就是对蒸发量的调节，而蒸发量的调节是通过燃烧调节和给水调节来实现的。

（2）汽压的调节。锅炉运行中，锅炉操作人员应根据负荷的变化，相应地增减燃料量、风量、给水量，来改变锅炉的蒸发量，使汽压相对保持稳定。当锅炉负荷降低使汽压升高时，如果此时水位较低，可适当加大进水，使汽压不再上升，然后酌情减少燃料量和风量，减弱燃烧，降低蒸发量，使汽压保持正常；如果汽压升高时水位也高，应先减少燃料量和风量，减弱燃烧，同时适当减少给水量，待汽压、水位恢复正常后，再根据负荷调节燃烧和给水。当锅炉负荷增加使汽压降低时，若此时水位较高，可适当控制给水量。如果燃烧正常而蒸发量未达到规定值，则需增加燃料量和风量，强化燃烧，加大蒸发量，使汽压恢复正常；若汽压低时水位也低，则可调节燃烧，同时相应调节给水，使汽压、水位恢复正常。

可以看出，汽压调节主要是对燃烧工况的调整，而燃烧调整的关键是合理控制燃料量和风量。不同的燃烧设备对燃烧的调整方法是不同的，操作人员应熟练掌握调整方法，在锅炉负荷发生变动时，尽快使汽压恢复正常。

d　汽温的调节

(1) 汽温变化的原因。汽温是锅炉蒸汽的又一主要参数。蒸汽温度偏低，蒸汽做功能力降低，汽耗量增加，不经济，甚至会损坏锅炉和用汽设备。过热蒸汽温度过高，会使过热器管壁过热，从而降低其使用寿命。严重超温甚至会使管子过热而爆破。因此，锅炉运行中，蒸汽温度应控制在一定的范围内。

对无过热器的锅炉来说，其饱和蒸汽温度的变化是随着锅炉蒸汽压力的变化而变化的，因此，调节了汽压也就调节了汽温。对于有过热器的锅炉，过热蒸汽温度的变化，主要决定于过热器烟气侧的放热情况和蒸汽侧的吸热情况，以及饱和蒸汽的湿度。当流过过热器的烟温升高、流速增大时，会导致汽温的升高。例如，在外界负荷增大时，需要强化燃烧，增大风量和燃料量来维持额定汽压。这样流经过热器的烟气的温度、流速都会增高，使过热蒸汽的温度上升。反之，负荷降低，燃烧减弱，烟温下降，流量、流速减小，则蒸汽温度亦会降低。

当进入过热器的饱和蒸汽湿度发生变化，汽温也会随之变化。例如，水位过高时，饱和蒸汽带水后湿度增加。由于饱和蒸汽增加的水分在过热器内要吸收汽化热，在燃烧工况不变的情况下，用于使干饱和蒸汽过热的热量相应减少，从而使汽温降低。蒸汽若大量带水，将会引起汽温急剧降低。

(2) 汽温的调节。汽温变化是由蒸汽侧和烟气侧两方面的因素引起的，因而对汽温的调节也就应从这两方面进行。

从蒸汽侧调节汽温，即通过改变蒸汽侧的吸热量来维持额定的汽温。目前多采用减温器来调节汽温。减温器一般置于高温段过热器与低温段过热器之间。常用的减温器有两种：表面式和混合式。表面式减温器采用给水来冷却过热器，当通过减温器的给水量增大，则进入高温段过热器的蒸汽温度就会下降；反之，当减少给水量时，蒸汽温度就会上升。混合式减温器是将给水或冷凝水直接喷入蒸汽，使过热器中过热蒸汽的热量一部分用于加热、蒸发喷入的水分，使蒸汽的温度降低，但水质要求较高。无论采用哪一种减温器来调节汽温，其操作调节都比较简单，只要根据汽温高低，适当开大或关小相应的减温水调节阀，以改变进入减温器的减温水量，即可达到调节过热汽温的目的。在锅炉运行过程中，操作人员应随时监视汽温的变化，平稳、均匀地调节阀门的开启，切不可大开大关，使汽温波动过大。

从烟气侧调节过热汽温，就是改变过热器受热面的吸热量，通常是通过改变流经过热器的烟气量和排烟温度来实现的。在操作上，一般有两种方法：一是通过调节燃料量和送、引风量，改变燃烧强度来进行调节的。例如，当外界负荷减小时，汽压、汽温会同时升高，这时可减弱燃烧，使汽压、汽温同时下降。二是当外界负荷不变，汽压较稳定而汽温偏低时，可采用加大引风量、调整二次风等措施来增加烟气流量，提高炉膛出口烟温来提高蒸汽汽温。

e 燃烧的监督调节

燃烧是锅炉工作过程的关键。对燃烧进行调节就是使燃料燃烧工况适应负荷的要求，以维持汽压稳定；使燃烧正常，保持适量的过剩空气系数，降低排烟热损失和减少不完全燃烧损失；调节送风量和引风量，保持炉膛一定的负压，以保证设备安全运行。

正常的燃烧工况，是指锅炉达到额定参数，不产生结焦和燃烧设备的烧损；着火稳定、燃烧正常；炉内温度场和热负荷分布均匀。外界负荷变动时，应对燃烧工况进行调整，使之适应负荷的要求。调整时，应注意风与燃料增减的先后顺序，风与燃料的协调及引风与送风的协调。

不同燃烧方式，不同燃烧设备，燃烧调节的具体内容、顺序及要求各不相同。对层燃炉，燃料量的调节应主要通过变更加煤间隔时间、改变链条炉排转速、改变炉排振动频率等手段，而不要轻易改变煤层的厚度。在增加风量的时候，应先增引风，后增送风；在减小风量的时候，应先减送风，后减引风，以便炉膛内保持负压。对室燃炉，当负荷增加时，应先增引风，后增送风，最后增加燃料；当负荷减小时，应先减燃料，再减小送风，最后降低引风，这样可防止在炉膛及烟道中积存燃料，避免浪费和爆炸事故，同时也保证负压运行。

D 锅炉运行中的维护

锅炉运行过程中，保持锅水的质量，保持受热面的清洁，是保证锅炉安全、经济运行的重要措施。因此，锅炉运行过程中，操作人员必须做好日常维护工作。

a 排污

（1）排污的目的及方式。锅炉运行时排污的目的有三个：一是排除锅水中过剩的盐量和碱量，防止因锅水中的盐量、碱量过高降低蒸汽品质，导致锅水发生汽水共腾及过热器结垢；二是排除锅筒内泥垢（水渣），防止水渣在受热面某部位聚集形成二次水垢；三是排除锅水表面的油质和泡沫，提高蒸汽的品质。为保证锅水的质量，锅炉使用单位除了对给水进行必要且有效的处理外，还必须坚持排污。

锅炉排污根据锅炉的结构特点和水质情况，分为连续排污和定期排污两种。连续排污也叫表面排污，多用于大中型蒸汽锅炉。连续排污装置装设在上锅筒蒸发面以下 100~200mm 处，由于靠近蒸发面处锅水含盐浓度最大，由此处连续排出一部分锅水可降低锅水的含盐量。排污量应根据对锅水的化验结果来确定，并通过调节排污阀的开度来控制。定期排污是指隔一定时间集中地从锅筒及每组水冷壁下集箱的底部、立式锅炉的下脚圈放出锅水。排除沉积的泥沙、污垢。排污量的多少和间隔，应根据炉型、给水质量和锅炉负荷的大小而定。

(2) 排污的操作方法。对于具有底部定期排污和表面连续排污两种装置的锅炉：定期排污每班至少一次；连续排污阀保持一定的开度。每隔 1~2h，取锅水样一次，分析总碱度、pH 值、溶解固形物（或氯离子），与标准相对照，如某项超标，则适当加大连续排污阀的开度或加强定期排污，再取样、分析，直至各项合格。

定期排污最好是在锅炉低负荷或停止用汽时进行，因为这时锅水中的泥渣、污垢易沉积在锅筒的底部，排污效果好。排污前应调整锅内水位比正常水位高 30~50mm，并检查水位表的指示，在确定无差错后方可进行排污。排污时，炉膛燃烧工况应减弱，并由两人进行操作，一人监视水位，一人操作排污阀。排污管上装有两个串联的排污阀时，排污时要先开快开式排污阀，后开慢开式排污阀；排污结束后，应先关慢开式排污阀，后关快开式排污阀。这样依顺序开关的目的是保护快开阀。

锅炉排污量应根据水质要求通过计算确定，通常不超过蒸发量的 5%~10%。每一循环回路的排污持续时间，当排污阀全开时不宜超过 30s，以防排污过分干扰水循环而导致事故。排污后，应进行全面检查，确保各排污阀关闭严密。

b 吹灰

锅炉运行时，受热面被火焰或烟气加热的一侧，容易积存灰垢，特别是在对流烟道里的对流受热面上。由于烟灰的导热能力很差，受热面积灰会严重影响锅炉传热，降低锅炉热效率，对锅炉安全也会造成不利的影响。

清除受热面积灰最常用的方法就是吹灰，即用具有一定压力的蒸汽或压缩空气，定期吹扫受热面，以清除和减少其上的灰尘。对小型火管锅炉也可采取向炉膛投加清灰剂的方法，清灰剂燃烧后，其烟雾与受热面上的烟灰起化学反应，使烟灰疏松变脆后脱落。

c 预防锅炉结焦

(1) 结焦的危害及原因。锅炉结焦也叫结渣，指灰渣在高温下黏结于受热面、炉墙、炉排之上并越积越多的现象。煤粉炉，炉膛温度较高，煤粉燃烧后的细粉呈飞腾状态，因而更容易在受热面上结焦。

结焦使受热面吸收热量减少，降低锅炉的效率；局部水冷壁管结焦会影响和破坏水循环，结焦还会造成过热蒸汽温度的变化，使过热器金属超温；严重的结焦会妨碍燃烧设备的正常运行，甚至造成被迫停炉。总之，结焦对锅炉运行的经济性和安全性都有不利的影响。

不同燃烧设备，结焦的原因和结焦的位置各不相同。层燃炉结焦一般发生在炉排及其附近，因为炉排面附近燃烧旺盛，温度很高，如果得不到适当冷却。就会在靠近炉排的炉墙上结焦，并蔓延到炉排上；炉排通风冷却不够时，会直接在炉排上结焦。

对煤粉炉来说，如果炉膛燃烧热负荷较高，炉膛内水冷壁未布满炉墙或水冷壁管间隔过大，在没有水冷壁遮蔽的炉墙部位就会首先结焦，并蔓延到受热面上。由于炉膛水冷程度较低，炉膛出口烟温较高，使炉膛出口的对流受热面上也会结焦。如果炉膛出口受热面布置得较密，则各管上的结焦块可相互连接搭桥，影响烟气的流通和传热。如果炉膛过小，煤粉在炉膛中来不及燃尽，或者燃烧器结构不合理，使煤粉着火延迟而来不及在炉膛中燃尽，都可能造成在炉膛出口的受热面上结焦。

另外，如果煤粉炉的燃烧器布置得不合理或燃烧器射程太远时，造成火焰偏斜或火焰冲墙等，使灰渣来不及冷却凝固就可能结在炉墙上。

（2）预防结焦的措施。预防锅炉结焦，除在设计上保证炉膛形状满足燃烧要求，燃烧器设置正确，受热面布置合理外，还应在锅炉运行中加强对设备的维护和对燃烧工况的监督。可以采取的措施有：

1）在运行管理上，注意监视和调节火焰中心位置，使各燃烧器的负荷均衡，避免火焰偏斜和火焰冲墙。

2）合理控制炉膛过剩空气系数，若过剩空气系数过低，锅炉超负荷运行、各燃烧器喷口配风不均匀等都容易引起结焦。但为了避免结焦，将风量加得很大，使过剩空气系数远远超过最佳值，也是不合理的。这不但会降低锅炉的经济性，而且增大飞灰量，烟道灰堵也会增加。

3）对层燃炉和沸腾炉，要控制送煤量，均匀送煤，及时调整燃料层和煤层厚度。

4）保证水、汽品质，使受热面内壁不结垢。

5）定时吹灰，这对减轻结焦有一定效果。发现锅炉结焦要及时清除，防止结成大块。“打焦”应在负荷较低、燃烧稳定时进行。当发现炉膛内结有不易消除的大块焦渣且有坠落损坏水冷壁的可能时，应立即停炉清除。

E 锅炉运行中的管理

a 建立规章制度

锅炉运行力求燃烧、汽压、水位稳定，能平稳地适应负荷变化，不发生超压、超温、超负荷、水位过高或过低等异常情况，并防止脱火和结焦等现象，以保证正常供汽。因此，要使锅炉在运行过程中安全、经济，实现各项运行指标，锅炉的使用单位必须制定各项规章制度，做到有章可循，有据可查，职责分明。

锅炉运行中的主要管理制度有：操作人员岗位责任制；安全操作技术规程；交接班制度；巡回检查制度；维护保养制度；水质化验制度；事故报告制度等。各规章制度的具体条文，应当是实际经验的总结。

b 对操作人员要求

锅炉能否安全经济地运行，在很大程度上取决于操作人员的工作责任心和技术熟练程度。操作人员除了认真贯彻执行各项规章制度外，还应刻苦钻研业务，从技术上了解和掌握锅炉的有关知识、性能和处理紧急情况的方法，能根据燃料变化、用汽多少、设备运转和燃烧工况等情况，做好分析、判断及调整等工作。另外，还必须做好设备的维护保养和管理工作、密切监视锅炉各种测量仪表，特别是安全附件，不断巡回检查承压部件、转动机械、燃烧系统及其他环节的运行情况，使锅炉本体、附属设备、安全附件、仪器仪表处于完好、准确、灵敏、可靠的状态。对锅炉除按规定进行定期检修、定期检验外，还要做好堵漏、保温、清灰、除垢等维护保养工作。

c 搞好运行检验

锅炉使用单位除了坚持停炉内、外部检验外，还应开展运行状态检验。锅炉运行状态检验是指在停炉内、外部检验的基础上，按一定的周期，对锅炉在运行状态下的安全状况所进行的检验。运行状态检验一般在两次停炉内、外部检验之间进行，以便及时发现、解决、处理锅炉在运行方面、管理方面存在的问题。

为保证检验质量，运行状态检验必须由取得省级以上锅炉压力容器安全监察机构颁发的检验证书的检验员承担，承担此项工作的检验员还必须在安全附件、自控仪表方面经过培训并通过考核。检验员持证类别应与所检验锅炉相适应。

运行状态检验前，使用单位应做好锅炉房及锅炉外部的清洁工作及其他准备工作。检验人员进行运行状态检验时，锅炉房管理人员和司炉班长必须在场配合，协助工作。

检验员根据检验情况作出检验结论。检验结论分为可以运行、监督运行、限期整改和停止运行。检验后，检验员应填写《锅炉运行状态检验记录》和《锅炉运行状态检验意见书》。《锅炉运行状态检验记录》作为检验技术档案由检验单位保存；《锅炉运行状态检验意见书》送使用单位。对检验结论为“监督运行，限期整改”或“停止运行”的，锅炉使用单位应根据所存在的问题采取措施整改，锅炉安全监察机构对其整改进行监督。

2.6.1.4 停炉与保养

停炉有三种情况，即压火停炉（热备用停炉）、正常停炉（冷备用停炉）和紧急停炉（事故停炉）。前两种是按企业生产、生活调度在中断燃烧之前缓慢地降低负荷，直至使锅炉的负荷降到零为止；后一种是锅炉正常运行中突然发生事故，紧急中断燃烧，使锅炉的负荷急剧地降低到零。

A 停炉

a 压火停炉

压火停炉又称临时停炉，当锅炉短时间减小负荷或向用汽单位和用汽设备短时间停止供汽时，根据负荷减小量及暂时停用时间的长短，炉排燃烧的锅炉可采用压火（又称“闷火”）；煤粉炉和沸腾炉用保持炉膛温度的方法，暂停锅炉运行。当负荷增加或用汽单位及用汽设备恢复用汽时，停止运行的锅炉能以最快的速度恢复正常运行。压火停炉的锅炉重新投入运行时，可以免去升火的准备工作和缩短升压时间。压火的时间一般不超过12h。

(1) 固定炉排锅炉的压火操作。压火前，首先减少给煤量和风量，逐渐降低负荷，然后进行排污。此时要注意保持锅炉水位高于正常水位线，并将锅内汽压尽量降低。锅炉停止供汽后，将给水由自动改为手动，并停止风机，关闭主汽阀。

压火分压满炉和压半炉两种。压满炉时，用湿煤将炉排上的燃煤完全压严；压半炉时，将煤扒到炉排前部或后部，使其聚集在一起，然后用湿煤压严。压火后，关闭风道挡板和灰门，打开炉门保持自然通风。如果保证压火期间炉火不复燃、不熄灭，也可以关闭炉门。

(2) 链条炉的压火操作。压火前，先适当地降低锅炉负荷，然后根据压火时间的长短，把煤层加厚（一般不超过200mm），适当地加快炉排运转速度，当加厚的煤层至距离挡渣器一半左右时，停止炉排运转。压火前，还应向锅炉进水和排污，将锅炉水位保持在最高允许水位。停止供汽后，关闭主汽阀，停止送、引风机，适当地关小分段送风的调节挡板和烟道挡板，依靠自然通风维持煤微弱燃烧。如果炉火靠近煤闸，可再次开动炉排，将燃煤往后移动一段距离。压火完毕要冲洗水位表一次。

压火后的锅炉仍有汽压，操作人员要严密监视汽压、水位的变化情况，必要时可进行适当排污和进水；要经常检查风挡灰门是否关严，防止燃煤的熄灭或复燃。

当锅炉需要恢复运行时，就将压住的火复燃起来，这种操作叫锅炉扬火。扬火前，先进行锅炉排污，并将锅炉水位上升至正常水位；然后起动引风机、送风机，调整烟、风挡板和分段风室调节挡板的开度，待燃烧正常后，调整煤层厚度，开动炉排，恢复燃烧。

煤粉炉和沸腾炉不能采用压火停炉，只能采取保持炉膛密闭，冷却缓慢。

（3）热水锅炉的压火停炉。当热水锅炉的用户暂时不需要供热时，可将炉膛压火。压火分压满炉和压半炉两种。压火时，关严烟道挡板，然后停止循环水泵。压火期间，一旦发现水温升高，应立即开动循环水泵，防止锅水超温汽化。天气寒冷时，停炉停泵时间不宜过长，要防止管网系统特别是末端或保温不良处结冰。

当需要恢复向系统供热时，应先开启循环水泵，使水在系统中循环流动后，才可扬火。

b　正常停炉

正常停炉是有计划的停炉。锅炉定期检修、节假日期间或供暖季节已过，即可按计划安排停炉。锅炉在下列情况下，也应按正常停炉操作步骤停止锅炉运行。

（1）可分式省煤器如果没有旁通烟道，当给水不能通过省煤器时。

（2）锅炉运行中发现受压元件泄漏，炉膛严重结焦，尾部烟道内严重堵灰，受热面金属超温又无法恢复正常时。

停炉过程中应注意的主要问题是防止降压降温过快，以免锅炉部件因降温收缩不均匀而产生过大的热应力。

（3）蒸汽锅炉正常停炉的操作步骤。正常停炉应按照锅炉安全操作规程所规定的停炉操作步骤，按顺序进行。

1）停止向炉膛供给燃料，随之停止送风，降低引风，最后停止引风。对燃油、燃气锅炉和煤粉炉，炉膛停火后，引风机至少要继续引风 5min 才能关机。

2）逐渐降低锅炉的负荷，向锅内进水，使水位高于正常水位。

3）当火势减小到微弱状态，汽压已下降时，停止供汽，关闭主汽阀，并隔绝与蒸汽母管的连接。有过热器的锅炉，应打开过热器出口集箱疏水阀适当放汽，以冷却过热器，同时关闭连续排污阀。

4）停炉后的锅炉应缓慢冷却，汽压不可以下降太快。待汽压降低到0.02MPa时，可开启空气阀，以免锅内因降温形成真空。

5）停炉时，关闭锅炉出口烟道挡板、炉排下的通风调节门和炉门。装有铸铁省煤器的锅炉，应打开省煤器旁通烟道挡板，但锅炉上水仍需经过省煤器。对钢管省煤器，锅炉停止进水后，应开启省煤器再循环管路阀；对无旁通烟道的可分式省煤器，应密切监视省煤器出口水温，保证省煤器出口水温比锅炉汽压下相应的饱和温度低20℃。若水温高于这一温度时，可适当采取放水、上水来降温。

6）停炉4~6h后，逐渐开启烟道挡板，缓慢加强通风。停炉8~10h后，若需加速冷却时，可采用放水和上水来降温，并可起动引风机冷却炉膛。停炉18~24h后，锅水温度低于70℃时，方可全部放水。

停炉放水后，应及时清洗和铲除锅内水垢泥渣，以免水垢冷却后变干发硬，清除困难；停炉冷却后，还应及时清除各受热面上的积灰。进入锅炉前，应将蒸汽、给水、排污等管路与其他并汽运行的锅炉用隔板全部隔绝。

（4）热水锅炉正常停炉的操作步骤。热水锅炉正常停炉的操作顺序如下。

1）逐渐降低锅炉供热量，停止供给燃料，停止送风，减弱引风。

2）当炉内原有燃料基本燃尽之后，停止引风，并关闭烟道挡板、炉门和灰门，防止锅炉急剧冷却。

3）停止燃烧设备运行的同时，不得停止循环水泵的运行，只有当锅炉出口水温降到50℃以下时，才可停泵。停泵时，为防止产生水击，应先逐渐关闭水泵的出口阀，待出口阀基本关闭后再停泵。

4）停炉6h后，开启烟道挡板进行通风。同时应关闭热水锅炉的回水阀与出水阀，将锅炉与系统隔开，然后放尽锅水。

锅炉停炉后，应在回水、出水、排污等管路中装置隔板。

c 紧急停炉

紧急停炉一般是锅炉运行中发生了重大事故或有事故预兆时，为了避免事故的扩大而采取的紧急措施。

（1）蒸汽锅炉紧急停炉情况。蒸汽锅炉在运行中，遇有下列情况之一时，应立即停炉。

1）锅炉水位低于水位表的下部最低可见边缘。

2）不断加大给水及采取其他措施，但水位仍继续下降。

3）锅内水位超过最高可见水位（满水），经放水仍不能见到水位。

4）给水泵全部失效或给水系统故障，不能向锅内进水。

5）水位表或安全阀全部失效。

6）设置在汽空间的压力表全部失效。

7）锅炉元件损坏且危及运行人员安全。

8）燃烧设备损坏，炉墙倒塌或锅炉构架被烧红等，严重威胁锅炉安全运行。

9）其他异常情况危及锅炉安全运行。

（2）热水锅炉紧急停炉情况。热水锅炉在运行中遇有下列情况之一时，应立即停炉。

1）因循环不良造成锅水汽化，或锅炉出口热水温度上升到与出口压力下相应饱和温度的差小于20℃（铸铁锅炉40℃）。

2）锅水温度急剧上升失去控制。

3）循环泵或补给水泵全部失效。

4）压力表或安全阀全部失效。

5）锅炉元件损坏，危及运行人员安全。

6）补给水泵不断补水，锅炉压力仍然继续下降。

7）燃烧设备损坏，炉墙倒塌或锅炉构架被烧红等，严重威胁锅炉安全运行。

8）其他异常运行情况，且超过安全运行允许范围。

（3）紧急停炉操作。针对锅炉运行中所遇到的紧急情况的性质不同，紧急停炉的操作也有所不同，如锅炉发生严重缺水事故，需要很快地熄火；发生过热器爆管事故，需要很快地冷却。一般紧急停炉的操作原则是迅速熄灭炉火。

紧急停炉的操作顺序如下。

1）立即停止添加燃煤和送风，减弱引风，与此同时，设法熄灭炉膛内的火焰，对于固定炉排，可用砂土或湿灰渣压在燃煤上进行灭火，或将炉渣扒出炉膛，但不得向炉膛内浇水；对于链条炉，可以开快挡使炉排快速运转，将燃煤迅速送入漏灰斗。

2）灭火后，关闭主汽阀，将锅炉与总汽管隔断。将炉门、灰门及烟道挡板打开。以加强通风冷却，并停止引风。

3）打开空气阀或安全阀排汽降压，并采用进水、排污交替的方法更换锅水，当锅水冷却至70℃左右时允许排水。

4）因缺水紧急停炉时，严禁向锅炉上水，且不得开启空气阀或提升安全阀快速降压。

5）因满水事故紧急停炉时，应立即停止给水，减弱燃烧并打开排污阀放水，同时开启蒸汽管道、过热器、分汽缸等处疏水阀，防止发生水冲击。

6）因爆管事故紧急停炉时，除了引风机不能停，以尽快排出炉膛内烟、汽外，若水位能维持，应保持进水或采用进水、排污方法迅速冷却降压。

7）因炉膛爆炸事故紧急停炉时，引风机不能停，以尽快排出炉膛内的烟、水汽，防止其喷出伤人。

热水锅炉紧急停炉过程中，不得停止循环水泵的运行。因循环水泵失效而紧急停炉时，应对锅水采取降温措施，如打开上水阀，依靠自来水的压力（或水箱压力）将冷水压入锅内，同时打开锅炉顶部泄放管上的放水阀放水。

B 停炉保养

锅炉停炉后的保养，主要是为了防止锅炉腐蚀，锅炉停炉后的腐蚀往往比锅炉运行中的腐蚀更为严重。做好停炉保养工作，对防止和减缓锅炉的腐蚀，延长锅炉使用寿命具有重要意义。锅炉维护保养的好坏，还直接反映出锅炉使用单位的使用管理水平。

锅炉停炉期间，造成腐蚀的主要原因是金属面的潮湿及空气的存在，因此，只要保持金属面干燥或金属面与空气（氧气）隔离，就能有效地防腐。常用的停炉保养方法有压力保养、干法保养、湿法保养和充气保养等。

a 压力保养

压力保养适用于停炉不超过一周、热备用的锅炉，主要是防止空气的进入，使锅内不含氧。具体方法是在锅炉停炉过程终止之前使汽水系统灌满水，维持锅内余压为0.05~0.1MPa，维持锅水温度稍高于100℃。维持锅内压力和温度的措施是通入其他锅炉的蒸汽加热，或本炉间断升火加热。

b 干法保养

干法保养是指在锅内及炉膛内放置干燥剂进行防护的方法。适用于长期停用的锅炉或季节使用的采暖锅炉。

采用干法保养时，停炉后把锅水放净，清除受热面上的水垢和烟灰，关闭蒸汽管道（热水锅炉应关闭进、出口循环水管）、给水管道上的阀门及排污管道上的阀门，打开人孔、手孔使锅筒、集箱自然干燥，并利用炉内余热或用木柴维持微火将锅炉本体烘干。锅炉烘干并冷却后，即可将准备好的放在托盘内的干燥剂放入锅筒、集箱内及炉排上，然后将人孔、手孔和与锅筒相连的阀门关闭严密。

常用的干燥剂是吸湿能力很强的无水氯化钙、氧化钙（生石灰）和硅胶（硅胶应先在120~140℃下进行干燥）。放入干燥剂的数量，可按锅内容积来计算。一般情况下，无水氯化钙按1.5~2kg/m^{3}放置；生石灰按2~3kg/m^{3}放置；硅胶按1.5kg/m^{3}放置。由于干燥剂吸潮后体积要膨胀，因此干燥剂装入托盘内的高度，不宜超过托盘高度的1/2。装入的数量和位置应做好记录。

锅内放入干燥剂约一周后，应进行第一次检查。打开锅筒，检查干燥剂是否已经吸湿而失效。如发现氯化钙或生石灰由块状变成粉状、硅胶的颜色发生改变，说明已潮解失效，应更换（生石灰更换）或烘干（无水氯化钙和硅胶加热到105~110℃烘干）后继续使用。以后每隔1~2个月检查一次。

用干法保养的锅炉，应十分注意与锅筒相通的各门、孔的严密性。锅炉在投入运行前，必须将锅内盛装的干燥剂取出。

c 湿法保养

湿法保养是在汽水系统中灌注碱性溶液，利用碱液和金属作用生成的氧化物保护膜来防止锅炉金属的腐蚀。湿法保养适用于停炉不超过一个月的锅炉。

锅炉停炉后如采用湿法保养，应放净锅水，清除锅内各处的水垢、水渣，清扫受热面外侧的灰垢。然后关闭各处人孔、手孔、阀门，加入软化水至最低水位（热水锅炉应充满锅筒），用泵把配制好的碱性防腐液注入锅内。开启给水阀向锅炉进水，直至汽水系统包括省煤器、过热器全部进满为止。关闭给水阀，用水泵使锅水进行循环，使碱液与锅水混合均匀并在各受热面系统内均匀分布。之后定期用微火烘炉，保持受热面外部干燥。定期开泵使锅水进行循环，并定期化验水的碱度，如碱度降低应适当补加碱液。

锅炉点火运行前，应将锅内所有溶液放出，备有储液池的，可放入储液池内以再利用。防腐液放出后，用洁净的水冲洗。如果需紧急升炉，可放掉一半再补充软水，但这样做应在运行中增加排污次数，以防止汽水共沸。

采用湿法保养，冬季要注意防冻问题，特别是省煤器和管道部分。

d 充气保养

锅炉在清除水垢和烟灰并使受热面干燥后，从锅炉最高部位将氮气或氨气充入锅内，迫使密度较大的空气从锅炉低处排出，同时维持锅内一定压力（一般为

0.05~0.1MPa)。氮气无腐蚀性且性质稳定，可以防止锅炉受热面金属腐蚀；氨气既可驱除氧气，又因其呈碱性反应，有利于防止锅炉腐蚀。因此，此种方法保养效果较好。充气保养要求锅炉汽、水系统具有好的严密性，保养中需要加强监督。

目前，有一种新的锅炉保养方法被大力推广和采用，这就是气相缓蚀法保养。它采用一种 TH-901 保护剂（缓蚀剂），放入需要长期停用的锅炉内，通过保护剂挥发的气体在锅内金属表面形成一层保护膜，从而达到防腐的目的。

2.6.1.5 检修与维修

A 锅筒的检修

a 锅筒常见缺陷

锅筒是锅炉的主要部件，由筒壳和封头组成。由于筒壳上有较多管孔，因此附加应力较大；同时，锅筒壁较厚，在运行状态下会产生温差、引起热应力。锅筒容易产生的缺陷有腐蚀、裂纹、鼓包和弯曲等。

（1）腐蚀。上锅筒和下锅筒的内部都会因为水质不良、含盐量高以及没有进行除氧处理而产生氧腐蚀和电化学腐蚀。没有省煤器的锅炉，锅内氧腐蚀更为突出。电化学腐蚀一般发生在封头板边处和应力集中的部位，腐蚀呈不规则形状的深坑，为溃疡性腐蚀。

锅筒外表面与炉墙接触处也会发生腐蚀，尤其在下锅筒支承处。由于支座处没有烟气通过，地面及空气潮湿，会在支承面上引起腐蚀。如果长期停炉而又保养不善，锅筒外表面在烟灰和潮气的侵蚀下，腐蚀也会发生。

（2）裂纹。裂纹主要发生在两个部位：一是锅筒封头板边内、外表面，主要是由于制造时过挠，使钢材性能变坏，或者加工时温度过低及封头板边圆弧半径太小，使板边处存在较大应力所造成的。二是锅筒孔带处，由于胀接不当，如过胀使管孔应力过大，或者胀接次数过多，产生硬化；或由于胀口长期渗漏，在管子和孔壁之间形成高碱度的渗迹，而产生苛性脆化裂纹。

（3）变形。上锅筒暴露在炉膛顶部的部分，直接受辐射热，会因结生水垢或缺水造成过热面出现鼓包。下锅筒在锅炉点火升压时，由于上、下两部分温差大，伸缩不同而发生弯曲变形。

b 缺陷的检查

锅筒内空间窄小，部件拥挤，是抢修条件最困难的地方。锅筒打开后，根据情况用钢丝刷或机械清除水渣，但要注意不能把内壁黑红色的保护膜清扫掉。管子焊缝处、胀接处要清理干净，用肉眼或放大镜查看焊缝、胀口处有无裂纹及其他超标缺陷，孔带区有无裂纹等，若有怀疑，须进行表面无损探伤检查。如果锅筒内部装置已经大多拆除，则可用放大镜检查内壁有无裂纹、焊缝有无缺陷。对监视运行的部位或修补过的部位，应重点检查。发现腐蚀缺陷，要测量其深度。此外，还要检查汽、水分离器孔板上的小孔是否畅通；检查水位表管、安全阀接管、给水管、排污管、下降管口有无裂纹、堵塞现象，如有锈泥要清除掉。

在进行完上述检查后，还要对锅筒的水平度、弯曲度进行检查，纵向与横向误差均不大于 2mm，超过时应和前次的检验记录对照，分析原因。

c 缺陷的修理

对于锅筒内、外表面的斑点腐蚀，可进行焊补；严重的大片腐蚀，应进行挖补。

锅筒封头扳边内、外表面裂纹长度不超过它所在圆周长度的 20%时，可采用焊补的修理方法，严重时应进行挖补或更换封头；对于锅筒管孔间的裂纹，应根据裂纹的数量和位置分别采取焊补、挖补和更换处理。如裂纹穿过 2 个以上管孔，则应挖补。

一般的变形可不作修理；鼓包高度超过筒体直径的 1.5%，但鼓包处钢板减薄量小于原板厚的 20%，或鼓包处无裂纹、过烧等严重缺陷时，可采用顶回的方法修复，否则需要挖补修复。由于鼓包部位在锅筒的底部，所以挖补时可使用装合板对补板和主板进行装配焊接。

B 水冷壁管和对流管束的检修

a 常见缺陷

(1) 腐蚀与磨损。造成管子腐蚀的原因是水质不良，管内结生水垢，形成垢下腐蚀，严重时可能穿孔。管子的磨损主要是飞灰冲刷造成的，尤其是在烟气流速大的地方，管壁的磨损更为严重。另外，吹灰不当，吹灰器正对管子吹，也会使管壁磨损。

(2) 胀口渗漏或产生裂纹。由于胀管工艺不良，如过胀、胀偏、多次胀管、胀管率不够等，或运行中经常轻微缺水或结生水垢，使管子过热而造成的。

(3) 鼓包或变形。这种缺陷主要发生在水冷壁管上。由于管内结垢，水循环不良而产生鼓包。如果管内水垢由于热负荷变化而脱落，就可能造成管子堵塞，产生水循环故障而引起鼓包。弯水管锅炉后面几排对流管束的上半段常因水循环不良而过热产生鼓包。

(4) 管子弯曲。管子由于缺水、结生水垢或不能自由伸胀而发生弯曲变形。

尤其是锅炉顶棚管，位于炉膛顶部，锅炉缺水首先使它处于干烧状态，最易引起过热变形，甚至出现塌陷。

b 缺陷的检查

在检查水冷壁管时，用强平行光照射，通过手摸、眼看和用检查样板测量等方法，找出胀粗和鼓包的部位。对以前出现过爆管、胀粗和鼓包的管段及邻近区域，更要仔细检查。应重点检查煤粉喷El、吹灰孔等四周的水冷壁管的磨损情况。

c 缺陷的修理

水冷壁管产生腐蚀或磨损时，对于便于修理的管子，可以局部割换或换新；对于严重腐蚀、烂穿而又无法抽割的管子，可以闷死暂时维持使用，等抢修时再更换。具体做法是：较细的管子可用塞头从管子端头堵死，但应注意在闷死之前，在严重腐蚀的管壁上凿一个小孔，以防爆炸；较大的管子，可将闷头做成两部分，一部分是圆柱形的连接管，另一部分是球形封头，将圆柱胀好，再将封头焊上。对流管束中的管子，在决定换管前要研究其换管的可能性，是否可以先抽割靠管束边的几根，更换内束，再恢复边上的几根。割取旧管时，可在离开锅筒壁 80~150mm 的地方，用气割将两头割断，剩余的管头可用锤子、凿子砸扁后取出。

管子胀口渗漏，一般可用补胀方法修理，缺陷严重的需换管。

对于管子的鼓包变形，如果鼓包较小，可用氧气或酒精喷灯将鼓包处加热，再用锤子将它敲到与管子平齐。若不能达到平齐，可以在损伤处堆焊一层厚度为 2~3mm 的金属层。在进行修理之前，应用木塞将管子一头堵住，以免冷空气进入管子而使管子迅速冷却；如果鼓包较大，则应将鼓包的一段管子切除，另接一段新管子。

C 集箱的检修

a 常见缺陷

（1）腐蚀。长期停用的锅炉，下集箱与砖墙接触处易受潮气作用而腐蚀，集箱端部经常因手孔盖渗漏而腐蚀。

（2）裂纹、变形或鼓包。作为防焦箱的下集箱，处在炉膛内温度很高的地方，常因水循环不良或内部结生水垢引起过热而产生裂纹、鼓包或弯曲变形。如上升管和下降管装在下集箱中间，两端为死水，不参加循环，水受热后蒸发，产生的蒸汽不能及时排出，使集箱端部过热而产生鼓包或裂纹。下降管接在下锅筒底部，下锅筒内聚集的水垢、泥渣等都吸入防焦箱内，使防焦箱结垢，过热而产生鼓包或裂纹。

b 缺陷的修理

对于下集箱轻微的腐蚀，可以采用堆焊修理；腐蚀严重时，应挖补或更换。

下集箱由于过热而产生裂纹，可以补焊。如果补焊次数很多，焊疤密布，可以将左、右两个下集箱互换使用，使没有裂纹的一面朝向炉膛。

下集箱产生了鼓包，或者某一段变形严重，可以将此段割换。如果影响炉排运转，则应换新。更换集箱时需要把与集箱连接的所有管道和受热面管排在管座焊口处割开，割开后的管道和管排要进行坡口加工，准备与新集箱焊接。在拆除旧集箱前要在支撑钢架上做好原始位置的标记，尤其是标高和中心，即可拆开其支持托架或吊架，把旧集箱拆除吊走。将画好线的新集箱吊运至现场，按原始标高和中心就位、找正、固定好后，进行与其连接的管道和管排的焊接工作。

D 省煤器的检修

a 常见缺陷

（1）铸铁省煤器管裂纹。由于省煤器铸造质量不好，如存在砂眼等；锅炉间断上水，使省煤器管壁温度在很大的范围内频繁波动；排烟温度偏高，使省煤器内的水汽化，产生水击，使管子发生裂纹或破裂；管子受飞灰的磨损，管壁减薄，承压能力下降。

（2）钢管式省煤器磨损和腐蚀。钢管式省煤器的耐磨损和耐腐蚀性能较铸铁省煤器差，因此省煤器的外壁容易被飞灰磨损，特别是加大引风和送风时，或是沸腾燃烧，磨损就更严重。另外，若排烟温度过低，烟气中的二氧化硫、三氧化硫与水气作用，在管外壁生成亚硫酸和硫酸，腐蚀钢管。省煤器管内壁的腐蚀是由于给水未除氧或除氧不良，使水中的氧气在省煤器内受热后析出而造成氧腐蚀。

b 缺陷的检查

对省煤器的检查可分为以下几个步骤：

（1）清扫积灰。锅炉停止运行后，省煤器部位外壁积有大量煤灰，需用压缩空气吹扫。在吹扫时，应起动引风机，使炉内保持负压。

（2）检查飞灰磨损情况。检查飞灰磨损时，必须一根管子从上层到下层，尤其对上边一至四层进行全面检查。

（3）检查结垢和腐蚀。根据化学监督的要求，选择省煤器的某些局部有代表性的管段，进行割管检查，以判断管子内部是否有结垢或腐蚀现象。割管部位一般为省煤器的高温段出口，因为这部分管子中的给水已接近沸腾状态，含盐含氧很容易在此处析出，而造成结垢和腐蚀。

c 缺陷的修理

轻微腐蚀或磨损，可继续使用；严重腐蚀或磨损，应更换管子。因烟灰磨损发生在烟气流入的一面，所以为了节省修理费用，可将钢管省煤器拆开，把管子翻转 180°，即把原来迎着烟气并已磨损的一面改成背着烟气流向，以延长钢管省煤器的使用寿命。对于腐蚀或磨损严重的铸铁省煤器，为了缩短修理时间，可在损坏的管子中穿入一根钢管，在两头焊上法兰，填上垫料与弯头法兰连接，维持临时运行，待锅炉检修时更换。

钢管式省煤器中钢管被磨损最厉害的是顺着烟气的前三排管子，可在这些管子上安装防护罩加以防护。防护罩应当安装在钢管转弯处的内侧或外侧，从烟气流动的一面保护弯头。

对于与集箱连接处管段的飞灰集中磨损，一旦发现，就应加装挡灰板。

2.6.2 压力容器的安全运行与管理

2.6.2.1 压力容器设计的安全技术

压力容器的设计是否安全可靠，主要决定于设计中材料选择、结构设计和壁厚确定是否正确合理。

A 材料选择

目前，绝大部分压力容器都是钢制的。因此，本书仅限于从安全的要求来讨论常用钢种及其使用范围和设计时如何选用钢材等问题。选择压力容器的材料，应着重考虑材料的力学性能、工艺性能和耐腐蚀性能。

（1）材料力学性能。制造压力容器的材料，需要保证的主要是强度指标、塑性指标和韧性指标。

强度是指材料抵抗外力作用避免引起破坏的能力。强度指标是设计中决定许用应力的重要依据。常用的强度指标有抗拉强度和屈服点（屈服强度），高温下工作时，还要考虑蠕变极限及持久极限。制造压力容器用的材料的强度指标虽然没有规定最大或最小的控制指标，但它却是选材的重要依据。因为强度指标一方面决定了容器的厚度和质量，另一方面又常与塑性指标有关。在一般情况下，同一种材料，强度越高塑性就越差。所以，一般原则是在保证塑性指标及其他性能的要求下，尽量选用强度指标较高的材料，以减小容器的质量。

塑性指标包括伸长率和断面收缩率。用以制造压力容器用的钢材要求具有较好的塑性。这是因为塑性好的材料在破坏以前一般都产生明显的塑性变形，不但容易发现，而且塑性变形可以松弛局部高应力，避免部件断裂。表示材料塑性的另一个指标是屈强比，它是材料的屈服点（屈服强度）与抗拉强度的比值ν，ν越小，表明材料的塑性越好。不同材料具有不同的屈强比，即使是同一材料，其屈强比也随着材料热处理情况及工作温度的不同而不同。我国规范规定许用应力必须同时满足对抗拉强度和屈服点（屈服强度）的安全系数。这也就是间接地控制选用屈强比太高的材料。

表示材料韧性的指标，目前多用冲击值（冲击韧度），表征材料抵抗冲击功的能力。材料的冲击值是用带缺口的冲击试样作冲击试验测得的，所以冲击值与试样缺口的形状和尺寸有关。虽然压力容器一般不受冲击载荷，但冲击值对材料的脆性转变温度十分敏感。

（2）工艺性能。压力容器的承压部件，大都是用钢板滚卷或冲压，然后焊接制成的，所以要求材料具有良好的冷塑性变形能力与焊接性能。冷塑性变形能力一般可以从塑性指标得到保证，焊接性能则是工艺性能中的主要控制指标。

钢的焊接性能是指在规定的焊接工艺条件下能否得到质量优良的焊接接头的性质。

钢的焊接性主要决定于它的化学组成，而其中影响最大的是碳。因为钢中的碳含量增加。淬硬倾向就增大，塑性则下降，容易产生焊接裂纹。所以含碳量越高，焊接性就越差。钢中的其他合金元素大部分也都不利于它的焊接，但其影响程度一般都比碳小得多。

（3）耐蚀性能。耐蚀性是材料抵抗介质腐蚀的能力。根据介质的种类（非电解质和电解质）不同，腐蚀过程可分为化学腐蚀和电化学腐蚀两大类。

化学腐蚀是金属和介质间由于化学作用而产生的，在腐蚀过程中没有电流产生。如钢铁在高温气体中的氧化，在高温高压下氢气中的氢腐蚀，以及在无水有机溶剂中的腐蚀等都属于化学腐蚀。

电化学腐蚀是金属和电解质溶液间由于电化学作用而产生的，在腐蚀过程中有电流产生。如金属在酸、碱、盐等电解质溶液中的溶解都属于电化学腐蚀。

B　结构安全设计

在压力容器的破坏事故中，有相当一部分是由于结构不合理引起的。因此，设计合理可靠的结构和强度设计同等重要。

由结构不合理引起容器破坏的主要因素有缺陷和应力两个方面。结构设计不合理，往往使得容器在制造和使用过程中容易产生缺陷。因此，第一是要求结构便于制造，以利于保证制造质量和避免、减少制造缺陷；第二是要求结构便于无损检验，使制造和使用中产生的缺陷能及时并准确地检查出来；第三是结构设计中要考虑尽量降低局部附加应力和应力集中。因为局部的高应力区往往成为断裂破坏源。

（1）结构安全设计的一些原则。结构不连续处应圆滑过渡。受压壳体存在几何形状突变或其他结构上的不连续处都会产生较高的不连续应力。因此设计时应尽量避免。对于难以避免的结构不连续，应采用圆滑过渡或斜坡过渡的形式，防止突变。

应力集中或削弱强度的结构应相互错开，避免高应力叠加。在压力容器中，总是不可避免地存在一些局部应力较高或对部件的强度有所削弱的结构，如器壁开孔、拐角、焊缝等部位。这些结构在设计时应使其相互错开或控制必要的距离，以防局部应力叠加，产生更高的局部应力，导致容器的破坏。

避免采用刚性过大的焊接结构。刚性过大的焊接结构，不仅因施焊时的膨胀和收缩受到约束而产生较大的焊接应力；在操作条件波动时，还会因变形受限制而产生附加弯曲应力。因此，设计时应采取措施予以避免。

（2）焊接结构设计的一般要求。焊接是容器制造的重要环节。由于焊缝又是容器结构中的薄弱环节：焊接中易产生表面或内部缺陷；焊缝冷却时，因受高度约束使结构因热应力而变形；焊缝金属为铸造组织；焊缝常处于结构形状变化处或其附近。一般认为，焊缝质量主要取决于焊接材料，与焊接工艺和焊工操作水平以及焊接结构设计也有很大的关系，比如碳钢焊接容器常用的接缝形式有对接、角接、丁字接，其中对接焊缝用得最多，而搭接焊缝在受压容器中一般应避免采用。

C 强度设计

压力容器的强度设计，其计算方法的正确与否，直接涉及容器运行的安全可靠性和设计结果的经济合理性。除了结构特殊或使用条件复杂（例如，极为频繁地加载与卸载等）的容器或特别重要的容器需要进行分析设计以外，一般的压力容器通常都只考虑它的薄膜应力，并据此来确定所需的壁厚。至于容器某些部位（如结构不连续部位）的附加应力和应力集中，则从安全系数、结构形式或尺寸加以限制。

2.6.2.2 压力容器制造的安全技术

为确保压力容器安全使用，制造过程应严格控制制造工作质量和产品质量。如焊工考核、材料焊接性鉴定、焊接工艺评定、材料复验、零部件冷热加工成型、焊接试板、筒节施焊、焊缝外观及无损检验、焊接返修、容器组装、容器整体或局部热处理、强度试验、气密性试验、包装等工作质量及产品质量的控制。其主要质量控制环节如下：

（1）焊工考核的基本准则是确定焊工焊制优质焊缝金属的能力，自动焊工考核的目的在于确定自动焊工操作焊接设备的能力。

（2）材料焊接性鉴定又称抗裂性试验，主要是确定该种材料（含焊材）在工件施焊时刚性、拘束度相同或相近情况下是否有出现焊接裂纹的危险性。

（3）焊接工艺评定又称焊接工艺鉴定试验。其先决条件是手工焊工或自动焊工必须是合格焊工。也就是说，焊接工艺评定是证实这种焊接工艺方法所焊工件的性能的优劣，而不是焊工技能的好坏。因此，它是工厂能否承担制造任务的证明。

（4）材料质量控制（含焊材）要求正确、有效、有追踪性，保证焊缝金属的化学成分，控制焊缝的扩散氢气量，保证产品性能参数满足安全运行要求，防止焊接接头产生冷裂纹、氢气孔等致命焊缝缺陷的可能性。

（5）焊接试板接在筒体延长部位与筒体同时施焊并与容器同炉热处理，通过试板的破坏性试验来代表筒体的焊缝质量，是容器焊缝质量优劣的见证数据。

（6）施焊监督，即对焊工合格项目是否同产品施焊相适应；焊机电流电压表是否定期校验，焊材是否准确；有否工艺评定；焊接环境的温度、湿度是否符合要求。

（7）焊接返修是处于较大刚性拘束度、较大冷却速度条件下的焊接。焊后存在较大的焊接残余应力，往往容易产生裂纹等缺陷。另外，焊缝的热影响区晶粒，因多次焊接会变得粗大。因此，焊接返修次数应予控制，返修必须慎重，要有比施焊更为严格的返修工艺及工艺措施，以确保焊接返修质量。

2.6.2.3 压力容器的安全操作

A 基本要求

（1）平稳操作。加载和卸载应缓慢，并保持运行期间载荷的相对稳定。压力容器开始加载时，速度不宜过快，尤其要防止压力的突然升高。过高的加载速度会降低材料的断裂韧性，可能使存在微小缺陷的容器在压力的快速冲击下发生脆性断裂。高温容器或工作壁温在0℃以下的容器，加热和冷却都应缓慢进行，以减小壳壁中的热应力。操作中压力频繁地和大幅度地波动，对容器的抗疲劳强度是不利的，应尽可能避免，保持操作压力平稳。

（2）防止超载。防止压力容器过载主要是防止超压。压力来自器外（如气体压缩机等）的容器，超压大多是由于操作失误而引起的。为了防止操作失误，除了装设连锁装置外，可实行安全操作挂牌制度。在一些关键性的操作装置上挂牌，牌上用明显标记或文字注明阀门的开闭方向、开闭状态、注意事项等。对于通过减压阀降低压力后才进气的容器，要密切注意减压装置的工作情况，并装设灵敏可靠的安全泄压装置。

由于器内物料的化学反应而产生压力的容器，往往因加料过量或原料中混入杂质，使器内反应后生成的气体密度增大或反应过速而造成超压。要预防这类容器超压，必须严格控制每次投料的数量及原料中杂质的含量，并有防止超量投料的严密措施。

储装液化气体的容器，为了防止液体受热膨胀而超压，一定要严格计量。对于液化气体储罐和槽车，除了密切监视液位外，还应防止容器意外受热，造成超压。如果容器内的介质是容易聚合的单体，则应在物料中加入阻聚剂，并防止混入可促进聚合的杂质。物料储存的时间不宜过长。

除了防止超压以外，压力容器的操作温度也应严格控制在设计规定的范围内，长期的超温运行也可以直接或间接地导致容器的破坏。

B 容器运行期间的检查

容器专责操作人员在容器运行期间应经常检查容器的工作状况，以便及时发现操作上或设备上的不正常状态，采取相应的措施进行调整或消除，防止异常情况的扩大或延续，保证容器安全运行。

对运行中的容器进行检查，包括检查工艺条件、设备状况以及安全装置等方面。

（1）工艺条件方面。主要检查操作压力、操作温度、液位是否在安全操作规程规定的范围内；检查容器工作介质的化学组成，特别是那些影响容器安全（如产生应力腐蚀、使压力升高等）的成分是否符合要求。

（2）设备状况方面。主要检查各连接部位有无泄漏、渗漏现象，容器的部件和附件有无塑性变形、腐蚀以及其他缺陷或可疑迹象，容器及其连接管道有无振动、磨损等现象。

（3）安全装置方面。主要检查安全装置以及与安全有关的计量器具是否保持完好状态。

C　容器的紧急停止运行

压力容器在运行中出现下列情况时，应立即停止运行：容器的操作压力或壁温超过安全操作规程规定的极限值，而且采取措施仍无法控制，并有继续恶化的趋势；容器的承压部件出现裂纹、鼓包变形、焊缝或可拆连接处泄漏等危及容器安全的迹象；安全装置全部失效，连接管件断裂，紧固件损坏等，难以保证安全操作；操作岗位发生火灾，威胁到容器的安全操作；高压容器的信号孔或警报孔泄漏。

2.6.2.4　压力容器的维护保养

做好压力容器的维护保养工作，可以使容器经常保持完好状态，提高工作效率，延长容器使用寿命。容器的维护保养主要包括五个方面的内容。

（1）保持完好的防腐层。工作介质对材料有腐蚀作用的容器，常采用防腐层来防止介质对器壁的腐蚀，如涂漆、喷镀或电镀、衬里等。如果防腐层损坏，工作介质将直接接触器壁而产生腐蚀，所以要经常保持防腐层完好无损。若发现防腐层损坏，即使是局部的，也应该经过修补等妥善处理以后再继续使用。

（2）消除产生腐蚀的因素。有些工作介质只有在某种特定条件下才会对容器的材料产生腐蚀。因此要尽力消除这种能引起腐蚀的，特别是应力腐蚀的条件。例如，一氧化碳气体只有在含有水分的情况下才可能对钢制容器产生应力腐蚀，应尽量采取干燥、过滤等措施；碳钢容器的碱脆需要具备温度、拉伸应力和较高的碱液浓度等条件，介质中含有稀碱液的容器，必须采取措施消除使稀液浓缩的条件，如接缝渗漏，器壁粗糙或存在铁锈等多孔性物质等。盛装氧气的容器，常因底部积水造成水和氧气交界面的严重腐蚀，要防止这种腐蚀，最好使氧气经过干燥，或在使用中经常排放容器中的积水。

（3）消灭容器的“跑、冒、滴、漏”，经常保持容器的完好状态。“跑、冒、滴、漏”不仅浪费原料和能源，污染工作环境，还常常造成设备的腐蚀，严重时还会引起容器的破坏事故。

（4）加强容器在停用期间的维护。对于长期或临时停用的容器，应加强维护。停用的容器，必须将内部的介质排除干净，腐蚀性介质要经过排放、置换、清洗等技术处理。要注意防止容器的“死角”积存腐蚀性介质。

要经常保持容器的干燥和清洁，防止大气腐蚀。试验证明，在潮湿的情况下，钢材表面有灰尘、污物时，大气对钢材才有腐蚀作用。

(5) 经常保持容器的完好状态。容器上所有的安全装置和计量仪表，应定期进行调整校正，使其始终保持灵敏、准确；容器的附件、零件必须保持齐全和完好无损，连接紧固件残缺不全的容器，禁止投入运行。

2.6.3 压力管道的安全运行与管理

2.6.3.1 压力管道安全设计

A 一般要求

管道设计要与装置全部设计统一考虑，必须符合管道仪表流程图，要有适当的支撑，保证足够的强度，对工作温度较高的管道要作柔性分析，有激振源的管道要作动力分析，使管道既有足够的强度，又能吸收热膨胀位移，还有良好的抗震性。在经常出现飓风或地震分区级别高的地区，还要考虑抵御风载和地震载荷的能力。

管道的敷设主要有架空和埋地两种类型，在选择何种敷设类型时可根据具体情况确定。化工和石油化工企业的工业管道大都采用架空敷设，便于施工、操作、检查、维修，也较为经济，大中型装置的架空管道都用管廊、管架和管墩成排敷设。对于分散的管道可用支吊架。长输管道一般采用埋地敷设，利用了地下空间。缺点是有腐蚀，检查和维修困难，尤其是需排液的管道，困难更大。工业管道地下敷设的较少，就是地下敷设也大都用管沟，而不是直接敷设在地下。

B 防火安全设计

当管道敷设在管廊上时，为充分利用空间，一般机泵就置于管廊下，管廊的上面放置引风机，管廊的两侧是主体设备。管廊与它们要保持一定的距离，这个距离要满足有关防火的规范标准。涉及的问题是：装置中的物质火灾危险性如何？防火要求如何？与其他设备的防火间距应多大？材料的耐火等级与耐火保护如何？这些问题在《石油化工企业设计防火规范》（GB 50160—1992）中都有详细而明确的规定。

据统计，石油化工企业装置内，发生火灾后的持续时间多数在 1h 左右，所以必须加耐火保护层。标准规定耐火层的耐火极限不应低于 1.5h。

C 防爆安全设计

一般产生爆炸必须具备三个条件：

（1）存在可燃气体、易燃液体的蒸气或薄雾。

（2）上述物质与空气混合，其浓度达到爆炸极限。

（3）存在足以点燃爆炸性混合物的火花或高温。

只要设法使这三个条件不同时出现，就可以防止爆炸事故。可通过防止设备和管道泄漏、用惰性气体将易燃物质与空气隔离、连锁保护等措施来达到目的。

在总体设计中还要设法限制和缩小危险区的范围。将不同等级的爆炸危险区与非爆炸危险区隔开；采用露天布置和加强室内通风使爆炸危险物质浓度低于爆炸极限，用可燃物质报警装置监测爆炸危险物浓度。

D 其他安全设计

（1）输送易燃易爆介质的埋地管道需要穿越电缆沟，且管道温度又较高时，必须采取隔热措施，以使外表面温度低于60℃。

（2）经过道路的管道必须有一定的架空高度，只有人员通行的净高不小于2.2m，通行大型车辆的净高要留4.5m，跨越铁路的净高则不小于5.5m，以免在车辆通行时撞到管道，万一出现意外事故也有利于车辆出入。

（3）法兰的位置避免处于人行通道和机泵上方。输送腐蚀性介质管道上的法兰要设安全防护罩。

（4）便于检修、运行操作。管廊的下面一般布置泵，这样可以有效利用空间，而且泵与管廊的距离缩短可节省管材。为便于泵的安装、操作、检修，至少要有3.5m的净空高度，在管廊下布置设备的还要增加管廊下的净空高度。管廊在道路上空穿越时，净空高度应为：装置内检修道不低于4.5m；主干道和铁路不低于5.5m；管廊下的检修通道不低于3m。

（5）管道常温安装、高温运行、金属材料受热膨胀。对于工作温度较高的管道，因安装与工作时较大的温度差有可能在管道的某些位置产生很大的应力。管道温度波动产生的交变应力，将导致裂纹扩展造成安全事故。因此，生产中的一些管线应用柔性分析方法使其安全性得到改善。

（6）管道振动在工业管道中是一种常见现象，严重的振动加速裂纹扩展，威胁运行安全。一般常用加装刚性环的方法来消除振动，加装刚性环紧箍于管壁外，以改善原来管壁的圆度；此外在加装刚性环后，即改变了钢管的原来自然振动频率，使它与管内水流的压力波频率错开，不形成共振，从而消除振动。

2.6.3.2 管道的材料选用

材料选择合理也是管道安全的重要因素，在材料选用时需要注意以下几个方面。

（1）首先应根据操作条件来判断压力管道类型，不同类别的压力管道因其重要性不同，发生事故带来的危害程度不同，故对材料的要求也不同。其次是应考虑操作条件对材料的选择要求，不同的腐蚀程度、不同的介质温度都是选择材料的重要参数。

（2）对介质的成分进行细致的研究。由于有些含量极少的成分随时间而累积，由本来没有明显损害而逐渐变得能威胁管道正常运行。有时候生产过程出现不稳定而使某些有害物质含量超标，使管道受到意外损伤。所以，需要对介质的成分进行研究分析。

（3）在使用之前，需要认真查对管件和管道附件的材料。

2.6.3.3 管道的施工安装

管道施工安装一般都在生产现场，环境和工作条件比较差，管道施工的地方几乎没有房屋，气温、湿度都无法控制，有的高架管线必须高空作业，管子的位置既不能随意移动，也不能旋转，给安装作业带来很大的困难。实践证明，必须十分注意管道的施工质量，以确保管道安全运行。按设计图安装施工是最起码的要求，必须严格执行。对安装结束的管道一定要作严格的质量检验，合格后方能投入使用。

2.6.3.4 管道的运行维护

A 运行前的检查

竣工文件检查。竣工文件是指装置（单元）设计、采购及施工完成之后的最终设计图文件资料，主要包括设计竣工文件、采购竣工文件和施工竣工文件三部分。

（1）设计竣工文件。设计竣工文件的检查主要是查设计文件是否齐全、设计方案是否满足生产要求、设计内容是否有足够而且切实可行的安全保护措施等内容。在确认这些方面满足开车要求时，才可以开车，否则就应进行整改。

（2）采购竣工文件。检查采购竣工文件主要是检查其是否齐全、是否与设计文件相符等，并核对采购变更文件。

（3）施工竣工文件。需要检查的施工竣工文件主要包括下列文件。

1）重点管道的安装记录。

2）管道的焊接记录。

3）焊缝的无损探伤及硬度检验记录。

4）管道系统的强度和严密性试验记录。

5）管道系统的吹扫记录。

6）管道隔热施工记录。

7）管道防腐施工记录。

8）安全阀调整试验记录及重点阀门的检验记录。

9）设计及采购变更记录。

10）其他施工文件及竣工图。

检查的内容主要是查看是否符合设计文件要求，是否符合相应标准的要求。

B　现场检查

现场检查可以分为设计与施工漏项、未完工程、施工质量三方面的检查。

（1）设计与施工漏项。设计与施工漏项可能发生在各个方面，出现频率较高的问题有以下几个方面。

1）阀门、跨线、高点排气及低点排液等遗漏。

2）操作及测量指示点太高以致无法操作或观察，尤其是仪表现场指示元件。

3）缺少梯子或梯子设置较少，巡回检查不方便。支吊架偏少，以致管道挠度超出标准要求，或管道不稳定。

4）管道或构筑物的梁、柱等影响操作通道。

5）设备、机泵、特殊仪表元件（如热电偶、仪表箱、流量计等）、阀门等缺少必要的操作检修场地，或空间太小，操作检修不方便。

（2）未完工程。未完工程的检查适用于中间检查或分期分批投入开车的装置检查。对于本次开车所涉及的工程，必须确认其已完成并不影响正常的开车。对于分期分批投入开车的装置，未列入本次开车的部分，应进行隔离，并确认它们之间相互不影响。

（3）施工质量。施工质量问题可能发生在各个方面，因此应全面检查。可着重从以下几个方面进行检查：

1）管道及其元件方面。

2）支吊架方面。

3）焊接方面。

4）隔热防腐方面。

C 建档标识及数据采集

（1）建档。压力管道的档案中至少应包括下列内容：管线号、起止点、介质、操作温度、操作压力、设计温度、设计压力、主要管道直径、管道材料、管道等级、管道类别等。

（2）标识与数据采集。管道的标识可分为常规标识和特殊标识两大类。特殊标识是针对各个压力管道的特点，有选择地对压力管道的一些薄弱点、危险点，或管道在热状态下可能发生失稳的典型点、重点腐蚀检测点、重点无损探测点及其他作为重点检查的点等所做的标识。

对于压力管道使用者来说，作为安全管理的手段之一，就是对于这些影响压力管道安全的地方，设置监测点并予以标识，在运行中加强观测。确定监测点之后，应登记造册，并采集初始数据。

D 运行中的检查和监测

运行中的检查和监测包括运行初期检查、巡线检查在线检测、末期检查及寿命评估三部分。

（1）运行初期检查。由于可能存在的设计、制造、施工等问题，当管道初期升温和升压后，这些问题都会暴露出来。此时，操作人员应会同设计、施工等技术人员，有必要对运行的管道进行全面系统的检查，以便及时发现问题，及时解决。在对管道进行全面系统的检查过程中，应着重从管道的位移情况、振动情况、支承情况、阀门及法兰的严密性等方面进行检查。

（2）巡线检查及在线检测。在装置运行过程中，由于操作波动等其他因素的影响，或压力管道及其附件在使用一段时期后，因遭受腐蚀、磨损、疲劳、蠕变等损伤，随时都有可能发生压力管道的破坏，故对在役压力管道进行定期或不定期的巡检，及时发现可能产生事故的苗头，并采取措施，以免造成较大的危害。压力管道的巡线检查，除全面进行检查外，还可着重从管道的位移、振动、支撑情况、阀门及法兰的严密性等方面进行检查。

（3）末期检查及寿命评估。压力管道经过长时期运行，因遭受到介质腐蚀、磨损、疲劳、老化、蠕变等的损伤，一些管道已处于不稳定状态或临近寿命终点，因此更应加强在线监测，并制定好应急措施和救援方案，随时准备抢险救灾。在做好在线监测和抢险救灾准备的同时，还应加强在役压力管道的寿命评估，从而变被动安全管理为主动安全管理。压力管道寿命的评估应根据压力管道的损伤情况和检测数据进行，总的来说，主要是针对管道材料已发生的蠕变、疲劳、相变、均匀腐蚀和裂纹等几方面进行评估。

3 机电类特种设备安全

3.1 起重机械基础知识

3.1.1 起重机械的概念

起重机械是指用于垂直升降或者垂直升降并水平移动重物的机电设备。其范围规定为额定起重量不小于 0.5t 的升降机，额定起重量不小于 1t，且提升高度不小于 2m 的起重机，以及承重形式固定的电动葫芦等。

起重机械是现代各工业企业中实现生产过程机械化、自动化、减轻繁重体力劳动、提高劳动生产率的重要工具和设备。随着科学技术和生产的发展，起重机械在不断地完善和发展之中。先进的电气和机械技术逐渐在起重机上应用，其趋向是增进自动化程度，提高工作效率和使用性能，使操作更加简化省力和更加安全可靠。

起重机械由驱动装置、工作机构、取物装置和金属结构组成。起重机作业是间歇性的周期作业，其工作循环是取物装置借助金属结构的支撑，通过多个工作机构把物料提升，并在一定空间范围内移动，按要求将物料安放到指定位置，空载回到原处，准备再次作业，从而完成一个物料搬运的工作循环。从安全角度来看，与一般机械较小范围内的固定作业方式不同，特殊的功能和特殊的结构形式，使起重机作业时本身存在诸多危险因素。

3.1.2 起重机械的分类

起重机械大致可以分为下列四个基本类型。

3.1.2.1 轻小型起重设备

轻小型起重设备包括千斤顶、滑车、纹车、手动葫芦和电动葫芦。其特点是构造比较紧凑简单，一般只有一个升降机构，只能使重物作单一的升降运动。

3.1.2.2 桥式类型起重机

桥式类型起重机包括桥式起重机、特种起重机、梁式起重机、龙门起重机、装卸桥等。其特点是具有起升机构、大、小车运行机构。除重物的升降运动外，还能做前后和左右的水平运动。

3.1.2.3　臂架式类型起重机

臂架式类型起重机包括汽车起重机、轮胎式起重机、履带式起重机、塔式起重机、门座式起重机、浮式起重机和铁路起重机等。其特点是具有起升机构、变幅机构、旋转机构和行走机构。

3.1.2.4　升降机

升降机包括载人或载货电梯、连续工作的乘客升降机等。升降机虽然只有一个升降动作，但远比简单起重机复杂，特别是载人的升降机，要求有完善的安全装置和其他附属装置。

3.1.3　起重机械的结构

3.1.3.1　桥式起重机

A　桥式起重机类型

桥式类型起重机有桥式起重机、电动单梁起重机、龙门起重机、装卸桥和各种专用起重机等。单梁龙门起重机如图 3-1 所示。

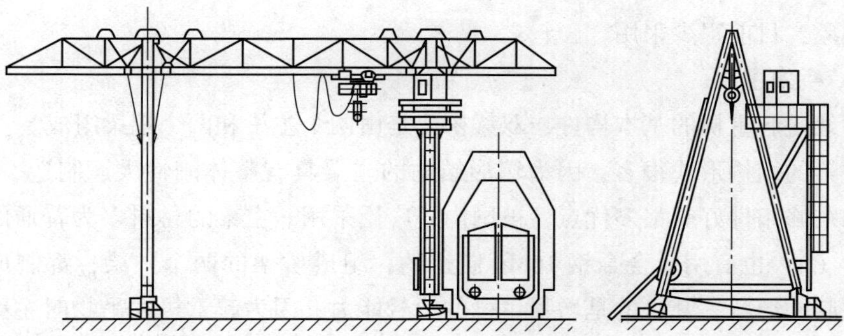

图 3-1　单梁龙门起重机

B　桥式起重机构造

桥式起重机是由桥架、大车运行机构、起重小车（包括起升机构和运行机构）和驾驶室（包括操纵机构和电气设备）四大部分组成的。

a　桥架

桥式起重机的桥架是金属结构，一方面承受着满载的起重小车的轮压作用，另一方面又通过支承桥架的运行车轮，将满载的起重机全部重量传给了厂房内固定跨间支柱上的轨道和建筑结构。桥架的结构形式不仅要求自重轻，又要有足够的强度、刚性和稳定性。还应考虑先进制造工艺的应用，达到结构合理、质量好和成本低的要求。

桥式起重机的桥架，是由两根主梁、两根端梁、走台和防护栏杆等构件组成。起重小车的轨道固定在主梁的盖板上，走台设在主梁的外侧。通常是悬臂固定在主梁上，依靠焊在主梁腹板上的撑架来支托，其高低位置取决于车轮轴线的位置。走台的外侧设有栏杆，以保证检修人员的安全。同理，端梁的两外侧也设有栏杆，为了使桥架运输和安装方便，常把端梁制成两段，分别与两根主梁焊接在一起，成为半个桥架，待运到使用地点以后，再将两个半桥架用高强度螺栓连接在一起，成为一台完整的桥架。桥架的跨度，就是两根端梁中心线之间的距离，跨度的大小，是决定主梁高度的因素之一。

桥架的结构形式很多，有箱形结构，箱形单主梁结构，四桁架式结构和单腹板开式结构等。箱形结构具有制造工艺简单、工时省、通用性强、机构安装和维修方便等一系列优点，因而是目前国内外常用的结构形式。箱形单主梁结构，是用一根宽翼缘箱形主梁代替两根主梁，因此减轻了自重，是较新型的结构形式。四桁架式结构，制造工艺复杂，工时多，外形尺寸又大，所以目前较少生产。单腹板开式结构、水平刚性和抗扭刚性都较差，而且在使用中上部翼缘主焊缝还有开裂现象，目前很少采用。

b 桥架主梁

桥架是起重机的基本构件，双梁桥架是由两个主梁和两个端梁组成。

主梁的结构形式很多，因为箱形结构的主梁具有整体刚性大、制造、装配、运输和维修条件好等很多优点，被国内外广泛采用。主梁的材料多为普通的碳素钢 A3、C3，也有用低合金钢 16Mn 制造的，组成桥架的两个主梁，都制成均匀向上拱起的形状，其目的是增强主梁的承载能力，因为起重机在吊物时主梁会产生下挠，所谓下挠，就是主梁向下弯曲。因此有了预制的上拱度，就可消除或减少小车在运行中的附加阻力和自行滑动。

桥式起重机随着使用年限的增加，主梁的上拱度会逐渐减小，直至消失，原始上拱度与剩下的上拱度之差，就是主梁上拱度的减小量。据粗略调查，起重机在经常满载情况下，使用 1～2 年，上拱度消失 20%左右，使用 5 年后上拱度消失 40%左右，使用 10 年左右，一般开始出现下挠，所以，起重机在使用中应该定期进行检查测量，如果其下挠度超过规定的界限，应停止使用，及时予以修复。

c 驾驶室

驾驶室是一个金属结构的小室，室内装有起重机各机构的电气控制设备及保护配电盘、紧急开关、电铃按钮和照明设备等。它是起重机司机对起升机的各机构的运转进行操纵的地方，可靠地悬挂在桥架靠近端梁附近一侧的走台下面，一般都设在无导电裸线的一侧。

d 大车运行机构

大车运行机构的作用是驱动桥架上的车轮转动，使起重机沿着轨道做纵向水平运动。大车运行机构由电动机、制动器、减速箱、联轴节、传动轴、轴承箱和车轮等零部件组成。

大车运行机构常见的驱动方式有三种：集中低速驱动、集中高速驱动和分别驱动。目前以分别驱动的方式应用较多。分别驱动的特点是大车的运行机构中，中间没有很长的传动轴，而在走台的两端各有一套驱动装置，左右对称布置。每套驱动装置由电动机通过制动轮、联轴节、减速箱与大车车轮连接。

e 起重小车

起重小车是桥式起重机的一个重要组成部分。它包括小车架、起升机构和运行机构三个部分。在起重小车上还有一些安全保护装置，如上升高度限制器、小车行程限位器、缓冲器、防护栏杆、排障板等数种。

(1) 小车架。小车架是支撑和安装起升机构和小车运行机构各部件的机架，同时又是承受和传递全部起重载荷的构件。因此，要求小车架具有足够的强度和刚性，以保证小车架受载后不致影响机构的正常工作。

(2) 起升机构。起升机构是用来升降重物的，由取物装置钢丝绳卷绕系统及驱动装置等部分组成。

起重量超过 10t 的，常设置两个起升机构，起重量大的称为主起升机构，起重量小的称为副起升机构。副起升机构的起重量常为主起升机构的 20%~30%；主起升机构的起升速度较慢、副起升机构的起升速度较快，但其结构形式基本上是一样的，主副起升机构可分别工作，也可协同工作。

(3) 小车运行机构。在中、小起重量的起重机中，其小车运行机构的传动形式有两种。一种为减速箱在两个主动车轮中间，另一种装在小车的一侧，减速器装在两主动车轮中间，使传动轴所承受的扭矩比较均匀；减速箱装在小车一侧，使安装与维修工作比较方便。小车有四个车轮，其中两个主动车轮与驱动装置相连接，另两个是从动轮，能自由转动。四个车轮通过角形轴承箱装在小车架横梁的两端。

（4）车轮。车轮又称走轮，是用来支承起重机自重和把载荷传递到轨道上并在起重机轨道上使起重机行驶的装置。

f 轨道

轨道是用作承受起重机车轮的轮压并引车轮运行，所有起重机的轨道都是标准的或特殊的型钢或钢轨，它们应符合车轮的要求，同时也应考虑到固定方法。

桥式起重机常用的轨道有起重机专用轨、铁路轨和方钢三种。中、小型起重机的小车常用P型铁路钢轨，也可采用方钢，大型起重机采用P型与QU型起重机专用轨；大车轨道采用P型与QU型起重机专用钢轨，这些轨道用压板和螺钉固定。

3.1.3.2 门式起重机

A 门式起重机类型

门式起重机在起重运输机械中是一种应用十分广泛的起重设备，主要用于室外的货场、料场来进行件货、散货的装卸工作。门式起重机种类繁多，特点各异。

按照整体结构形式，门式起重机可分为全门式、半门式、双悬臂门式和单悬臂门式四种类型；按照主梁形式，门式起重机可分为单主门梁式、双梁门式、铁路集装箱式和电站用启门门式四种类型；按照吊具形式，门式起重机可分为吊钩门式、抓斗门式、电磁门式、两用门式、三用门式和双小车门式六种类型。L形单主梁门式起重机如图3-2所示。

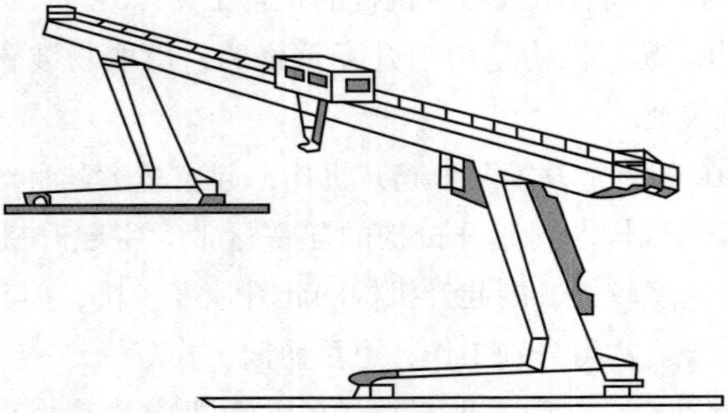

图3-2 L形单主梁门式起重机

B 门式起重机的构造

门式起重机尽管种类繁多，但构造却大同小异，都由电气设备、小车、大车运行机构、门架和大车导电装置等五大部分组成。抓斗门式起重机有时还设置煤斗车。

a 门式起重机的电气设备

门式起重机的动力源是电力，靠电力进行拖动、控制和保护。门式起重机的电气设备是指轨道面以上起重机的电气设备，大部分安设在司机室和电气室内。

b 门式起重机的小车

门式起重机小车一般由小车架、小车导电架、起升机构、小车运行机构、小车防雨罩等组成，以实现小车沿主梁方向的移动，取物装置的升降，以及吊具自身的动作，并适应室外作业的需要。小车形式根据主梁形式的不同而异，主要有双梁门式起重机的小车、单主梁门式起重机的小车、具有减震装置的小车。

c 门式起重机的大车运行机构

门式起重机的大车运行机构都是采用分别驱动的方式。车轮分为主动车轮和被动车轮。车轮的个数与轮压有关，主动车轮占总车轮数的比例，是以防止起动和制动时车轮打滑为前提而确定的。一般门式起重机的驱动为1/2驱动，也有1/3驱动、2/3驱动或全驱动的。

d 门式起重机的门架

门式起重机的门架，是指金属结构部分，主要包括主梁、支腿、下横梁、梯子平台、走台栏杆、小车轨道、小车导电支架、操纵室等。可分为单主梁门架和双梁门架两种。

e 大车导电装置

大车导电装置，是用来将地面电源引接到起重机上以实现起重机拖动、控制和保护的。大车导电装置种类比较多，导电形式由使用单位订货时指明。

C 门式起重机的机构

门式起重机与桥式起重机一样，主要有起升机构、小车运行机构和大车运行机构。

a 门式超重机起升机构

起升机构的主要形式及构成如下：

(1) 吊钩门式起重机的起升机构。吊钩门式起重机的起升机构与桥式起重机的起升机构基本相同。

(2) 抓斗门式起重机的起升机构。抓斗门式起重机的起升机构，是由四绳抓斗的开闭机构和抓斗的起升机构组成。它与吊钩起升机构的区别是四绳抓斗机构的钢丝绳缠绕倍率为1，无定滑轮，卷筒钢丝绳直接连到抓斗上，一卷筒上两根绳为开闭绳，另一卷筒上两根绳为起升绳。

(3) 电磁门式起重机的起升机构和三用门式起重机的起升机构。电磁门式起重机的起升机构是在吊钩门式起重机的起升机构基础上发展起来的，它在减速器出轴上加个惰轮，在卷筒旁设置一带外齿的电缆卷筒，电磁吸盘挂在吊钩上，随之升降。电磁吸盘上设电源插座，电缆一端插入电磁吸盘，另一端缠绕到电缆卷筒上，电缆随吊钩同步升降。为保证其同步性，要求速比匹配准确。

（4）两用门式起重机的起升机构。两用门式起重机的起升机构是指吊钩起升机构和四绳抓斗机构的组合，这是两个独立的机构，其吊钩起升机构和抓斗起升、开闭机构同前。

b 门式起重机小车运行机构

门式起重机的小车运行机构，分为双梁小车运行机构和单主梁小车运行机构两种。

（1）双梁小车运行机构。门式起重机的双梁小车运行机构与桥式起重机的小车运行机构相同。

（2）单主梁小车运行机构。单主梁小车有垂直反滚轮式和水平反滚轮式，它们的小车运行机构是类同的。其运行机构由电动机、制动器、套装减速器、传动轴、联轴器、轴承箱、车轮、导向轮、垂直反滚轮、有安全钩的平衡梁、水平轮等组成。

c 门式起重机大车运行机构

（1）大车运行机构的车轮布置。门式起重机的大车运行机构车轮为 4 个，布置在下横梁的 4 个角上。同一轨道上两轮中心距称为轮距，一般来说，轮距与跨度之比为 1/6~1/4。当车轮轮压大时，可采取增加 4 个角上车轮数量的形式，两个车轮组成一个平衡台车与下横梁铰接。如果 4 个车轮同在一个角，可由两个平衡台车组成一个大的平衡台车与下横梁铰接。

（2）大车运行机构的驱动形式。门式起重机的大车运行机构采用分别驱动的形式。当不需设平衡台车时，其驱动形式为两种：一种是采用标准立式减速器的形式；另一种是采用安装减速器的形式。

门式起重机的大车运行机构还有其他驱动形式，当前国际上一般采用“三合一”结构的驱动形式，即减速器、制动器、电动机合为一体。“三合一”的形式也有多样，电动机还可以在减速器上方，以减小车轮轴向尺寸。这种“三合一”结构对零部件的加工要求较高，国内还没有生产。

3.1.3.3 流动式起重机

流动式起重机是臂架类型起重机械中无轨运行的起重设备。它具有自身动力装置驱动的行驶装置，转移作业场地时不需拆卸和安装。由于其机动性强、应用范围广，近年来得到了迅速发展。特别是近几十年来由于液压传动技术、控制工程理论及微型计算机在工程设备中的广泛应用，明显提高了流动式起重机的工作性能和安全性能，从而使它在所有起重设备中占有量越来越大，而且某些专用的流动式起重机也应运而生。

A 流动式起重机的分类

流动式起重机按其运行方式、性能特点及用途，可分为四种类型，即汽车起重机、轮胎起重机、履带起重机和专用流动式起重机。其中，汽车起重机应用最为广泛。高速越野轮胎起重机如图 3-3 所示。

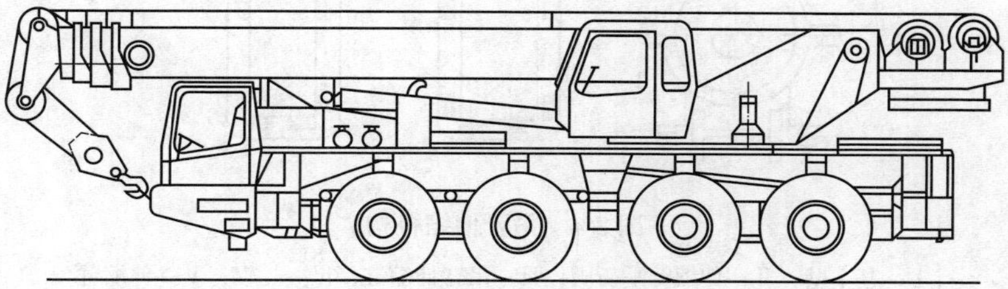

图 3-3 高速越野轮胎起重机

B 流动式起重机的结构

流动式起重机是通过改变臂架仰角来改变载荷幅度的旋转类起重机。与一般的桥式、门式起重机不同。流动式起重机的结构由起重臂、回转平台、车架和支腿四部分组成。

a 起重臂

这是起重机最主要的承载构件。由于变幅方式和起重机类型的不同，流动式起亘机的起重臂可分为桁架臂和伸缩臂两种。

(1) 桁架臂。这种臂架由只受轴向力的弦杆和腹杆组成。由于采用挠性的钢丝绳变幅机构，变幅拉力作用于起重臂前端，使臂架主要受轴向压力，自重引起的弯矩很小。因此，桁架臂自重较轻。但若起重臂很长，又要转移作业场地，则须将吊臂折成数节，另作运输，到达新作业场地后再组装，所以准备时间较长，不能立即投入使用。因此，这种起重臂多用于不经常转移作业场地的起重机如轮胎起重机、履带起重机上。

(2) 伸缩臂。这种起重臂由多节箱形焊接板结构套装在一起而成。各节臂的横截面多为矩形、五边形或多边形。通过装在臂架内部的伸缩液压缸或由液压缸牵引的钢丝绳，使伸缩臂伸缩，从而改变起重臂长度（见图 3-4）。这种形式的起重臂既可以满足流动式起重运行时臂架长度较小以保证起重机有很好的机动性的要求，又可缩短起重机从运行状态进入起重作业状态的准备时间。因此，汽车起重机、全路面起重机、现代轮胎起重机和有些履带起重机均采用这种形式的臂架。

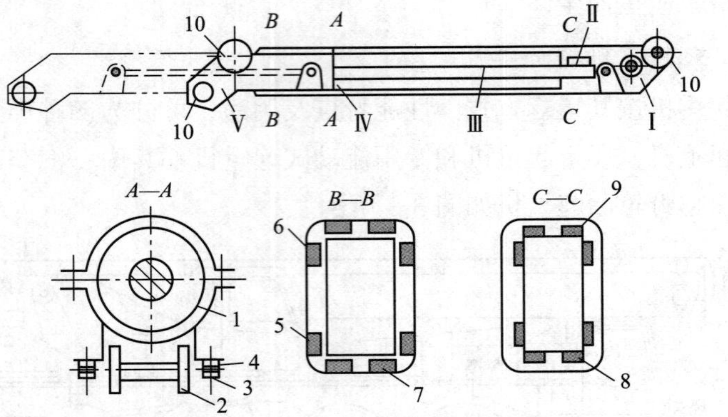

图 3-4 吊臂伸缩机构

Ⅰ—基本壁；Ⅱ—伸缩臂平衡阀；Ⅲ—吊臂伸缩缸；Ⅳ—托辊；Ⅴ—伸缩臂

1—缸筒；2—滚轮；3—调整螺杆；4—锁紧螺母；5~9—滑块；10—导向滑轮

由于臂架长度是连续可变的，伸缩臂均采用与桁架式起重臂的变幅机构不同的液压缸，从而使伸缩臂呈悬臂受力状态。这就要求臂架有很大的抗弯强度。所以，伸缩臂的自重较大。为了缓解这一矛盾，伸缩式臂架大多装有可折叠式一节或多节桁架式副臂。这一方法已在大多数流动式起重机上应用。

b 回转平台

回转平台通常称为转台。它的作用是起重机工作时为起重臂的后铰点、变幅机构或变幅液压缸提供足够的约束，将起升载荷、自重及其他载荷的作用通过回转支承装置传递到起重机底架上。因此，要求转台有足够的强度和刚度，并且要为各机构及配重的安装提供方便。另外，对于运行速度较高的流动式起重机，转台还要能承受整个回转部分自重及起重机运行时的动载作用。

c 车架

车架是整个起重机的基础结构，其作用是将起重机工作时作用在回转支承装置上的载荷传递到起重机的支承装置（支腿、轮胎、履带）上。因此，车架的刚度、强度将直接决定起重机的刚度和强度。

对于轮胎起重机、履带起重机和采用专用底盘的汽车起重机，车架也是运行部分的骨架。而采用通用底盘的汽车起重机，车架（也称副车架）是专为承受起重机工作时的载荷作用而设置的，通过固定部件固定在通用汽车底盘上。另外。对于有支腿的流动式起重机，车架也是支腿的安装基础。

d 支腿

支腿结构是安装在车架上可折叠或收放的支承结构。它的作用是在不增加起重机宽度的条件下为起重机工作时提供较大的支承跨度，从而在不降低流动式起重机机动性的前提下提高其起重特性。

老式的支腿多为折叠式或摆动支腿，人工收放。在液压技术广泛应用的今天，大部分流动式起重机的支腿均采用液压传动，按其结构特点可分为 H 型支腿、X 型支腿、蛙式支腿、辐射式支腿几种。

C 流动式起重机的机构组成

以轮胎式起重机为例进行介绍。

a 轮胎式起重机的起升机构

轮胎式起重机的起升机构由动力装置、减速装置、卷筒及制动装置等组成。该动力装置除用来驱动起升机构外，也用来驱动行走机构、回转机构和变幅机构。这样的驱动形式称为集中驱动，具有工作可靠、操纵较麻烦的特点。

轮胎式起重机的动力装置常采用内燃机装置，其发动机多数是柴油机。有的轮胎式起重机的发动机带动发电机，供电给电动机，再通过减速器带动起升机构。由于液压理论的提高以及密封技术的进步，液压传动得到了广泛的应用。在液压传动的起升机构中，一般采用液压马达再通过减速器带动起升机构的方案。轮胎式起重机起升机构的制动器多布置在低速轴上，其所需的制动力矩虽稍大些，但制动时比较平稳。特别是布置在低速轴上时，可以利用卷筒侧板作为带式制动器的制动轮，使得结构比较紧凑。

b 轮胎式起重机的变幅机构

变幅机构是改变起重机工作半径的机构，它扩大了起重机的工作范围，有利于提高起重机的生产率。只允许在空载条件下变幅的机构称为非工作性变幅机构。而把能在带载的条件下变幅的机构称为工作性变幅机构。为满足装卸工作需要和提高起重机的生产率，轮胎式起重机要求在吊装重物时改变起重机的幅度。其所用的变幅机构要求有较大的驱动功率。除此之外，还应装有限速和防止超载的安全装置，其制动装置更应安全可靠。

必须指出的是，轮胎式起重机在各种工作幅度下所允许起吊的质量是不一样的。在小幅度时，允许起吊较大的载荷，而在大幅度时，允许起吊的载荷大致按反比关系减少。

c 轮胎式起重机的回转机构

回转机构是轮胎式起重机中必不可少的机构，有了回转机构，才能将起重物件送到一定范围内的任一位置。它能使整个回转平台在回转支承装置上做360°的回转，这种回转运动可以是顺时针方向的，也可以是逆时针方向的。

起重机的回转部分是由回转支承装置支承的。轮胎式起重机一般多采用转盘式回转支承装置，转盘式回转支承装置有支承滚轮式和滚动轴承式两种。支承滚轮式回转支承装置，构造加工比较简单，但质量较大，其承载能力也比较大。滚动轴承式回转支承装置的特点是回转时摩擦阻力矩小，高度低，承载能力大。这样，轮胎式起重机的重心有所降低，使得整台起重机的稳定性能有所改善。滚动轴承式回转支承装置的滚动体有单排结构的，也有双排结构的。将回转机构布置在回转平台上并随其一起绕回转支承装置的大齿圈回转时，大齿圈的滚圈是固定在底盘车架上的，此时，回转小齿轮既绕着大齿圈运动，又相对本身的齿轮轴自转。这种布置形式使得回转机构的维修比较方便。

也可以把大齿圈的滚圈与回转平台连接在一起，而把回转机构固定在底盘车架上，通过小齿轮可以带动大齿圈回转。这种布置方式的缺点是维修不太方便。

轮胎式起重机在行驶时，应将回转平台固定在一定的位置，可用机械的插销定位装置，这样，回转平台便不会左右摆动。

d 轮胎式起重机的行走机构

轮胎式起重机通常是由发动机经行走机构将所产生的动力传递给驱动车轮的。轮胎式起重机一般采用后轮驱动。

轮胎式起重机上实际上只有一台发动机，其起升、变幅、回转、行走等动作都是由这一台发动机经过不同的传动路线将其所产生的功率传递到各个部位的。司机操纵相应的离合器，便可获得所需的动作。由于行走部位位置较低，因而从总传动箱到驱动车轮之间的传动齿轮就较其他机构的多。

轮胎式起重机行走时的转向，一般由司机操纵方向盘使位于轮胎式起重机前部的转向桥上的车轮转向。在转向时，驱动车轮因差速器之作用使内侧车轮走得慢些，外侧车轮走得快些，于是，整台轮胎式起重机的行驶方向便一致了。

轮胎式起重机本身的质量较大，有的质量达35t。如此巨大的质量，往往不是什么轮胎所能支撑得了的。于是采用增加轮胎帘布层，增加车轮数量或增加驱动轮轴的办法，使其承载能力增加。

轮胎式起重机因其自重大，故其行驶速度不宜太高，一般控制在每小时

10km 左右。

3.1.3.4　履带式起重机

A　履带式起重机的分类

履带式起重机是各种起重机械中的一种，因其本身具有自重大、稳定性好、可不用外伸支腿、能在松软泥泞工作场地行驶、操作简易、维修方便等优点而被广泛使用于建筑施工、铁路装卸等部门，是目前起重作业中不可缺少的起重机械。W1001 型履带式起重机如图 3-5 所示。

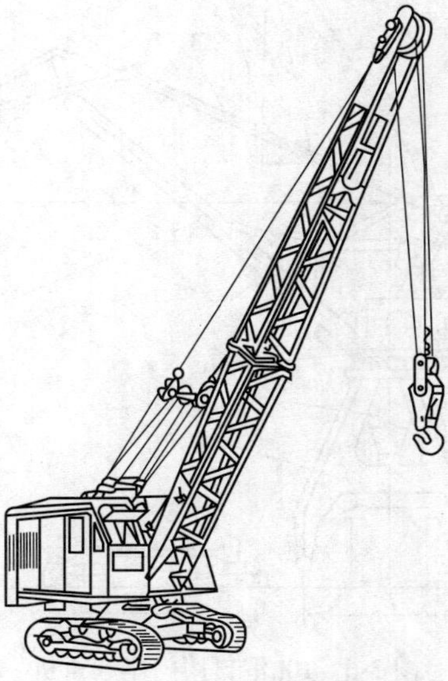

图 3-5　W1001 型履带式起重机

B　履带式起重机的构造

(1) 履带式起重机的传动系统。传动系统的作用是将从动力源取得的动力，按需要分别传送给各工作机构，使之适应各工作机构的运行。

(2) 履带式起重机的工作机构。履带式起重机的工作机构由起升、回转、变幅、行走以及辅助机构等部分组成，包括卷扬机构、回转机构和行走机构三部分。其中，卷扬机构又分主卷扬机构和起重臂卷扬机构，回转机构中又包括了回转台系统。

3.1.3.5　门座起重机

A　门座起重机分类

门座式起重机是以其门形机座而得名的。这种起重机多用于造船厂、码头装卸等场所。在门形机座上装有起重机的旋转机构，门形机座实际上是起重机的承重部分。门形机座的下面装有运行机构，可在地面设置的轨道上行走。在旋转机构的上面还装有起升机构的臂架和变幅机构。四个机构协同工作，可完成设备或船体分段的安装，或者进行货物的装卸作业。门座式起重机通常由外部电网经软电缆供电，其四大机构一般均采用三相感应电动机分别驱动。10t 港口用门座起重机如图 3-6 所示。

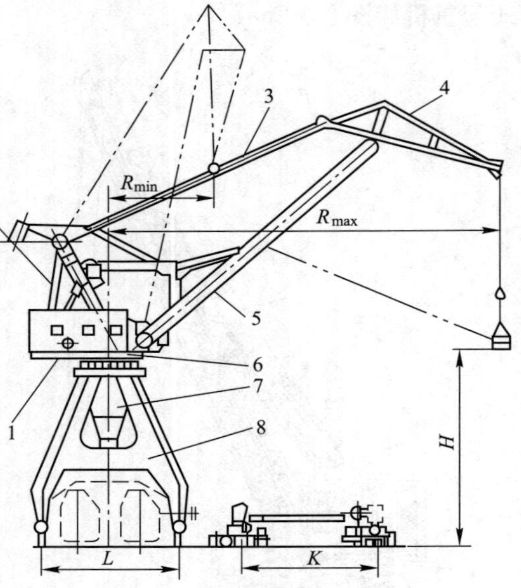

图 3-6 10t 港口用门座起重机

1—驾驶室；2—人字架；3—拉杆；4—象鼻梁；5—臂架；6—平台；7—转柱；8—门架

B 门座式起重机的结构

门座式起重机的门形机座又叫作门架，一般是用钢材焊接而成的。门架承受着本身质量、货物质量和风的载荷，此外，各种运动所产生的惯性力以及由此引起的力矩也均由门架承受，因此，门架必须有足够的刚性和强度。门架一般采用三种形式。

（1）八杆门架。八杆门架顶部是钢质圆环、中部有八根由型钢或钢板焊制而成的支杆、下部的门座则用钢板焊成箱形结构。八杆式门架的特点是门架的质量轻、结构简单、制造比较方便。

（2）交叉门架。交叉门架的顶部常是箱形断面的圆环，在这个圆环上装有圆形轨道及齿轮。其中部常有两层水平放置的十字梁，用以支撑四条立腿。上层的十字梁主要用来装置转柱的下支承座。

交叉门架的构件少，刚性好，制造也比较简单，是目前用得较多的一种门架。这种门架的十字梁及门腿都受到较大的弯矩，因此都采用较大的截面，这样的结果是使起重机的自重增加，也势必增大了车轮的轮压。

（3）圆筒门架。圆筒门架的中间部分是大直径的钢筒。在其顶面上装有相应尺寸滚动轴承和大齿轮。在大直径钢筒内部可装设登高用的电梯。这种门架的外形简单、自重轻、制造和安装都比较方便。门架各支腿支承力的大小和起重机部分在门架上的位置有关，特别是与臂架转过的角度有关。

C 门座式起重机的起升机构

起升机构是由电动机、制动器、减速器、卷筒和钢丝绳卷绕系统组成的。对于起重量较大的起重机，除主起升机构外，还有副起升机构。主远升机构的起重量大，但起升速度较慢。副起升机构起重量较小，但起升速度较快。副钩的起重量是主钩起重量的25%左右。

D 门座式起重机的变幅机构

在门座式起重机中，从其回转中心线至取物装置中心线的径向水平距离，称为工作幅度。利用臂架起伏来改变工作幅度的机构叫作变幅机构。门座式起重机是通过运行机构、回转机构和变幅机构三者联合动作来改变货物的位置，从而完成装卸任务的。

门座式起重机的变幅机构的臂架是在负载情况下进行变幅的，称为工作性变幅机构。对工作性变幅机构，除了要求能克服各种阻力外，还要求机构的刚性强、变形小，有高效率的传动能力，因为负载下变幅的各种阻力显然要比空载变幅时大得多。门座式起重机的变幅机构一般由起伏摆动的臂架平衡系统、货物升降补偿装置和驱动装置三个部分组成。

E 门座式起重机的回转机构

门座式起重机的回转机构保证所吊重物沿圆弧进行水平移动，俗称分波。它与起升机构、变幅机构配合动作可使所吊重物到达幅度所及的空间范围。

回转机构由回转支承装置和驱动装置两部分所组成。

（1）回转支承装置。目前采用的回转交承装置有转盘式回转支承装置、转柱回转支承装置和定柱回转支承装置三种。

（2）回转驱动装置。门座式起重机的回转驱动装置由电动机、减速器、齿轮、制动器及电气操纵等部分组成。其驱动装置与司机室都设置在起重机的转盘上。电动机经减速器输出轴的小齿轮与装在门架上固定部位的大齿圈啮合。电动机转动时，小齿轮沿大齿圈滚动，带动整个转盘围绕回转中心回转，即起重机完成了回转运动。

F 门座式起重机的运行机构

门座式起重机在轨道上运行的机构叫作门座式起重机的运行机构。门座式起重机的运行机构一律采用分别驱动的方案。在门架的四条支腿下部装置了均衡台车，用以支承整台门座式起重机的质量。每辆均衡台车的车轮数较多，为了保证起重机能沿着轨道运行，要求有一半车轮由驱动机构来驱动。

运行机构中的部件还可根据用途而分为驱动部分和支承部分。属于驱动部分的有电动机、减速器、齿轮、制动器等部件。而均衡梁、销轴、车轮等组成的均衡台车则为其支承部件。

3.1.4 起重机械的主要技术参数

起重机的基本参数是用来说明起重机械的性能和规格的一些数据，也是提供设计计算和选择使用起重机械时的主要依据。起重机械的基本参数有：

3.1.4.1 起重量 G

起重量（过去常用字母 Q 表示），是指被起升重物的质量，单位为千克（kg）或吨（t）。一般分为额定起重量、最大起重量、总起重量、有效起重量等。

（1）额定起重量 G_n。额定起重量是指起重机能吊起的重物或物料连同可分吊具或属具（如抓斗、电磁吸盘、平衡梁等）质量的总和。

（2）最大起重量 G_{max}。对于幅度可变的起重机，其额定起重量是随幅度变化的。最小幅度时，起重机安全工作条件下允许提升的最大额定起重量，也称最大起重量 G_{max}。

（3）总起重量 G_t。总起重量是指起重机能吊起的重物或物料，连同可分吊具和长期固定在起重机上的吊具或属具（包括吊钩、滑轮组、起重钢丝绳以及在臂架或起重小车以下的其他起吊物）的质量总和。

（4）有效起重量 G_p。有效起重量是指起重机能吊起的重物或物料的净质量。如带有可分吊具抓斗的起重机，允许抓斗抓取物料的质量就是有效起重量，抓斗与物料的质量之和则是额定起重量。

3.1.4.2 跨度 S

桥架型起重机运行轨道轴线之间的水平距离称为跨度，用字母 S 表示（过去常用字母 L 表示），单位为米（m）。

3.1.4.3 轨距 K

轨距也称轮距，按下列三种情况定义：

（1）对于小车，为小车轨道中心线之间的距离。

（2）对于铁路起重机，为运行线路两钢轨头部下内侧 16mm 处的水平距离。

（3）对于臂架型起重机，为轨道中心线或起重机行走轮踏面（或履带）中心线之间的距离。

3.1.4.4 基距 B

基距也称轴距，是指沿纵向运动方向的起重机或小车支承中心线之间的距离。

3.1.4.5 幅度 L

起重机置于水平场地时，空载吊具垂直中心线至回转中心线之间的水平距离称为幅度 L（过去常用字母 R 表示），单位为米（m）。幅度有最大幅度和最小幅度之分。当臂架倾角最小或小车离起重机回转中心距离最大时，起重机幅度为最大幅度；反之为最小幅度。非旋转类型的臂架起重机的幅度是指吊具中心线至臂架后轴或其他典型轴线的距离。

3.1.4.6 起重力矩 M

起重力矩是幅度 L 与其相对应的起吊物品重力 G 的乘积，$M=GL$，单位是 t · m。

3.1.4.7 起重倾覆力矩 MA

起重倾覆力矩，是指起吊物品重力 G 与其至倾覆线距离 A 的乘积。

3.1.4.8 轮压 P

轮压是指一个车轮传递到轨道或地面上的最大垂直载荷。按工况不同，分为工作轮压和非工作轮压。

3.1.4.9 起升高度 H 和下降深度 h

起升高度是指起重机水平停机面或运行轨道至吊具允许最高位置的垂直距离，单位为 m。对吊钩或货叉，可算至它们的支承表面。对其他吊具，如抓斗等，应算至它们的最低点。对于桥式起重机，应是空载置于水平场地上方，从地平面开始测定其起升高度。某些起重机，吊具需要深入到运行轨道或地平面以下作业，应考虑下降深度。下降深度是指用具最低工作位置与起重机水平支承面之间的垂直距离。对于桥式起重机，应是空载置于水平场地上方，从地平面开始测定其下降深度。吊具最高和最低工作位置之间的垂直距离称为起升范围，用字母 D 表示，$D=H+h$。

3.1.4.10 运行速度 V

运动速度又称工作速度，按起重机工作机构的不同分为多种。

(1) 起升（下降）速度 V_n，是指稳定运动状态下额定载荷的垂直位移速度（m/min）。

(2) 回转速度，是指稳定运动状态下起重机转动部分的回转角速度（r/min）。

(3) 起重机（大车）运行速度 V_k，是指稳定运行状态下起重机在水平路面或轨道上带额定载荷的运行速度（m/min）。

(4) 小车运行速度 V_t，是指稳定运行状态下小车在水平轨道上带额定载荷行驶的速度（m/min）。

(5) 吊重行走速度，是指在坚硬地面上起重机吊额定载荷平稳运行的速度（m/min）。其与起重机运行速度的主要区别是运行的条件不同，轮胎起重机设计时，要考虑这一指标。

(6) 变幅速度 V_f，是指稳定运动状态下吊臂挂最小额定载荷在变幅平面内从最大幅度至最小幅度的水平位移平均速度（m/min）。变幅速度有时也用变幅时间衡量，是指吊具对应于最大幅度的起重量从最大幅度至最小幅度所需的时间（min）。

3.1.4.11 下挠度

下挠度是指在额定载荷下梁或杆件向下产生的弹性变形量，见表 3-1。测量时，应从加载前的实际位置算起，单位为 mm。

表 3-1 下挠度

利用等级	总的工作循环次数 N	备 注
U_0	1.6×10^4	不经常使用
U_1	3.2×10^4	
U_2	6.3×10^4	
U_3	1.25×10^5	
U_4	2.5×10^5	经常轻闲地使用

续表 3-1

利用等级	总的工作循环次数 N	备　注
U_5	5×10^5	经常中等地使用
U_6	1×10^6	不经常繁忙地使用
U_7	2×10^6	繁忙地使用
U_8	4×10^6	
U_9	$>4\times10^6$	

3.1.4.12　制动距离

制动距离是指工作机构从操作制动开始到机构停住，吊具或大、小车所经过的距离，单位为 mm。

3.2　电梯基础知识

3.2.1　电梯的概念

电梯是指通过动力驱动，利用沿刚性轨道运行的箱体或者沿固定线路运行的梯级（踏步），进行升降或平行运送人、货物的机电设备。包括载人（货）电梯、自动扶梯、自动人行道等。

电梯作为机械、电气、电子高度统一的产品，它的电子部分有如人的大脑，处理着各种信息；电气部分有如人的神经，传递和反馈信息；机械部分有如人的躯干与四肢，执行着各种指令。

电梯诞生一百多年来给人们的生活、生产带来了诸多的方便，但同时也给人带来了灾难。因设计不合理、产品不合格造成了人身伤害事故；因安装不合格导致了电梯伤人事故；因作业人员违章操作造成了伤人事故。百年来，人们为了电梯的安全运行做了不懈的努力，电梯安全运行设施不断完善，安全性能不断增强，相应的规章制度、法律、标准不断健全。但由于人的不安全行为或电梯产品质量的不合格，电梯处于不安全状态，造成电梯人身伤害事故还是时有发生。

目前，国内电梯产业仍存在不完善之处。建设部在建字（1992）144 号文件中发布了关于提高电梯质量的若干规定，提出各厂家生产的机型需进行整顿；在“八五”期间，分批淘汰定型继电器控制的交流双速电梯以及 1m/s 以下的低速电梯，到1997年将全部淘汰老型继电器控制电梯；要按统一技术标准，在制造、安装、保养和维修等方面进行综合治理；要开展产品质量认证，加强对安装单位的管理，严格检查验收，完善使用保养制度等。近年来，为保证电梯最终质量，在建立全国性完整的电梯管理法规、落实检查机构、壮大安装调试队伍、组建维修保养网络和提高相关人员技术素质等方面，我国电梯行业正在进行一系列实质性的工作，并走向法规化。

3.2.2 电梯的分类

3.2.2.1 按用途分类

（1）乘客电梯。代号KT，用于运送乘客。必要时，在载重能力及尺寸许可的条件下，也可运送物件和货物。一般用于办公大楼、招待所及部分生产车间。

（2）载货电梯。代号HT，用于运送货物，乘载厢容积较大，载重量较大。有一种载货电梯有司机驾驶，装卸人员可随电梯上下，具有足够的载货能力，又具有客梯所具有的各种安全装置，所以又称客货两用电梯。另一种载货电梯是专门载货的，无司机驾驶，不准乘人，厢外操作。

（3）病床电梯。代号BT，医院用来运送病人及医疗器械等。轿厢窄而深，起动、起停平稳。

（4）杂货梯。代号ZT，专门用于运送500kg以下的物件，不准乘人。

（5）建筑施工用电梯。代号JT，运送建筑施工人员和材料。

此外，还用观光梯、矿用梯、船用梯等。

3.2.2.2 按驱动方式分类

（1）曳引式。由曳引电动机驱动电梯运行，结构简单、安全，行程及速度均不受限制。有交流电梯和直流电梯两种。交流电梯有单速、双速、调速之分，一般用于低速梯、快速梯，采用交流电动机；直流电梯一般用于快速、高速电梯，采用直流发电机和直流电动机，或交流电整流设备和直流电动机组成的机组。

（2）液压式。用液压油缸顶升，有垂直柱塞顶升式和侧柱塞顶升式。

（3）齿轮齿条式。用齿轮与齿条传动提升。

3.2.2.3 按提升速度分类

（1）低速梯。速度为0.25m/s、0.5m/s、0.75m/s、1m/s，以货梯为主。

（2）快速梯。速度为1.5m/s、1.75m/s，以客梯为主。

（3）高速梯。速度为2m/s、2.5m/s、3m/s，用作高层客梯。

3.2.2.4 按操纵方式分类

（1）KP。轿内手柄开关操纵，自动平层，手动开关门。

（2）KPM。轿内手柄开关操纵，自动平层，自动开关门。

（3）AP（XP）。轿内按钮选层，自动平层，手动开关门。

（4）XPM。轿内按钮选层，自动平层，自动开关门。

（5）KJX。集选控制（可以有司机驾驶，也可以无司机驾驶），自动平层，自动开关门。

（6）KJQ。交流调整集选控制（可以有司机驾驶，也可以无司机驾驶），自动平层，自动开关门。

（7）ZJQ。直流快速集选控制（可以有司机驾驶，也可以无司机驾驶），自动平层，自动开关门。

（8）TS。门外按钮控制一般用于简易电梯或有特殊用途电梯。

3.2.2.5 按有无蜗轮减速器分类

（1）有齿轮电梯。采用蜗轮蜗杆减速器，用于低速梯和快速梯。

（2）无齿轮电梯。曳引轮、制动轮直接固定在电动机轴上用于高速、超高速电梯。

3.2.2.6 整机房位置分类

（1）机房设置在井道的顶部。钢丝绳驱动的电梯，机房一般都设置在井道的顶部。

（2）机房设置在井道的底部。例如，液压式或场地有特殊要求的钢丝绳驱动式电梯。

3.2.2.7 其他类别

（1）自动扶梯。自动扶梯分轻型和重型两类，每类又按装饰分为透明无支撑、全透明有支撑、半透明或不透明有支撑、室外用自动扶梯等几种，一般用于大型商场、大楼、机场、港口等处。

（2）自动人行道。主要用于机场、车站和码头、工厂生产自动流水线等处。

（3）液压梯。用液压作为动力以驱动轿厢升降，有乘客梯、载货梯之分，一般用于速度低、载重量大的情况下。

（4）气压梯。用压缩空气作为动力以驱动轿厢升降，也有乘客梯、载货梯之分。

3.2.3　电梯的结构

电梯是一种复杂的机电产品，一般由机房、轿厢、厅门及井道与井底设备等四个基本部分组成，如图 3-7 所示。

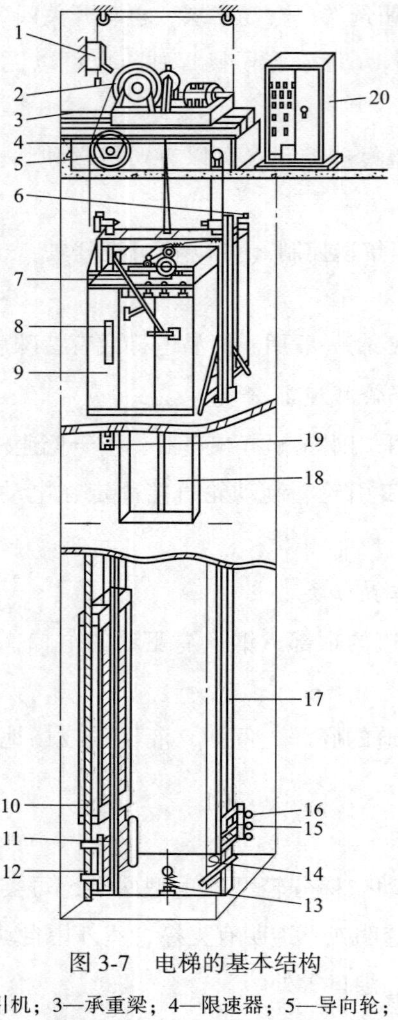

图 3-7　电梯的基本结构

1—极限开关；2—曳引机；3—承重梁；4—限速器；5—导向轮；6—换速平层传感器；7—开门机；8—操纵箱；9—轿厢；10—对重装置；11—防护栅栏；12—对重导航；13—缓冲器；14—限速器涨紧装置；15—基站厅外开关门控制开关；16—限位开关；17—轿厢导轨；18—厅门；19—召唤按钮箱；20—控制柜

3.2.3.1 电梯机房

机房位于电梯井道的最上方或最下方，供装设曳引机、控制柜、限速器、选层器、配线板、电源开关及通风设备等。

机房设在井道顶部的，称为上置式曳引方式。这种方式设备简单，钢丝绳弯折次数少、成本低、维护简单、被普遍采用。

A 曳引机

曳引机是装在机房内的主要传动设备，由电动机、制动器、减速器（无齿轮电梯无减速器）、曳引轮等机件组成，靠曳引绳与曳引轮的摩擦来实现轿厢运行的驱动机器，曳引机可分为有齿轮曳引机（用于轿厢速度 $v<2\text{m/s}$ 的电梯）与无齿轮曳引机（用于轿厢速度 $v\geq 2\text{m/s}$ 的电梯）两种类型。这是使电梯轿厢升降的起重机械。

a 电动机

电动机也称为马达，是拖动电梯的主要动力设备。它的作用是将电能转换为机械能，产生转矩，此转矩输入减速器，减慢转速增大转矩，带动其输出轴上所装的曳引轮旋转，然后由曳引轮上所绕的曳引钢丝绳将曳引轮的旋转运动转化为钢丝绳的直线移动，使轿厢上下升降运动。

曳引机用直流电动机，对于有齿轮直流电梯，则常采用的型号为 ZTD 型直流电动机，用于快速电梯和高速电梯。

b 制动器

制动器是电梯曳引机当中重要的安全装置。制动器能使在运行中的电梯断电后立即停止运行，并使停止运行的电梯轿厢在任何停车位置定位，不再移动，直到工作需要并再给予通电时才能使轿厢再一次运行。

电梯曳引机上一般都采用常闭式双瓦块型直流电磁制动器，它的性能稳定，噪声较小。工作可靠，即便是交流电动机拖动的曳引机构，也配用直流电磁制动器，其电源内专门的整流装置供电（直流电梯由励磁电源供电）。

对于有齿轮曳引机，制动器应装在电动机与减速器连接处的带制动轮的联轴器上。对于无齿轮曳引机，制动轮常与曳引轮铸成一体，直接装在电动机轴上。当曳引电动机通电时，制动器即松闸；切断电动机的电源，制动器立即合闸；使轿厢立即掣停在停机位置不动。当制动器合闸时，制动闸瓦应紧密地贴合在制动轮的工作面上，制动轮与闸瓦的接触面积应大于闸瓦面积 80%。松闸时，两侧闸瓦应同时离开制动轮，其间隙应不大于 0.7mm，且四周间隙数值应均匀相同。

c 曳引减速器

对于低速或快速电梯，轿厢的额定速度为0.5~1.75m/s，但是常用的交流或直流电动机的同步转速为1000r/min，这种电动机属中高速小扭矩范围，不能适应电梯的低速大扭矩的要求。必须通过减速器降低转速增大扭矩，才能适应电梯的运行需要。

在许多类型减速器中，以蜗杆蜗轮传动减速器最适宜用于电梯曳引机作减速装置。这是由于蜗杆传动减速器结构最紧凑，减速比（即传动比）较大，运行较平稳和噪声较小。其缺点是效率较低（应不小于70%）和发热量较大。常用蜗杆传动减速器有蜗杆下置式传动减速器、蜗杆上置式传动减速器和立式蜗杆传动减速器三种，其中以蜗杆下置式传动减速器较为可靠和常用。

d 曳引轮

钢丝绳曳引电梯的轿厢和对重是由钢丝绳绕着曳引轮而悬挂在曳引轮左、右两侧。钢丝绳与曳引轮上的绳槽接触。它们之间产生的摩擦力也可称为曳引力。曳引轮在曳引机拖动下产生的回转运动，通过钢丝绳转化为直线移动，并通过曳引作用，将运动传给轿厢与对重，使能绕曳引轮并悬挂在曳引轮两侧作直线升降移动。

曳引轮材料为QT60-2球墨铸铁，它的圆周上车制有绳槽，常用绳槽的槽形有半圆槽、V形槽和凹形槽（也称为带切口半圆槽）三种。

由于槽形的不同、钢丝绳与曳引轮间的曳引力也不同。因此应选择合适的曳引轮绳槽的槽形。

e 曳引钢丝绳

（1）曳引钢丝绳的结构、材料要求。曳引钢丝绳也称曳引绳，是电梯上专用的钢丝绳，其功能就是连接轿厢和对重装置，并被曳引机驱动使轿厢升降，它承载着轿厢自重、对重装置自重、额定载重量及驱动力和制动力的总和。曳引钢丝绳一般采用圆形股状结构，主要由钢丝、绳股和绳芯组成。钢丝是钢丝绳的基本组成件，要求钢丝有很高的强度和韧性（含挠性）。

钢丝绳股由若干钢丝捻成，钢丝是钢丝绳的基本强度单元。每一个绳股中含有相同规格和数量的钢丝，并按一定的捻制方法制成绳股，再由若干根绳股制成钢丝绳，股数多，疲劳强度就高。绳芯是被绳股所缠绕的挠性芯棒，通常由剑麻纤维或聚烯烃类（聚丙烯或聚乙烯）等合成纤维制成，能起到支撑和固定绳股的作用，且能储存润滑剂。《电梯用钢丝绳》（GB 8903—2005）中规定电梯使用的曳引钢丝绳一般是 6 股和 8 股，即 6×19S+NF 和 8×19S+NF 两种，见表 3-2。

表 3-2 钢丝绳的结构和直径的规定

钢丝绳的结构	公称直径/mm
6×19S+NF	6，8，10，11，13，16，19，22
8×19S+NF	8，10，11，13，16，19，22

6×19S+NF 型钢丝绳为 6 股，每股 3 层，外侧两层均为 9 根钢丝，内部为 1 根钢丝；8×19S+NF 型与 6×19S+NF 型结构相同，钢丝绳为 8 股，每层 3 股，外层两侧均为 9 根钢丝，内部为 1 根钢丝。上述钢丝绳直径有 6mm、8mm、11mm、13mm、16mm、19mm、22mm 等几种规格。

《电梯用钢丝绳》（GB 8903—2005）对钢丝的化学成分、力学性能等也做了详细规定。要求由含碳量为 0.4%～1%的优质钢材制成，材料中的硫、磷等杂质的含量小于 0.035%。

（2）曳引钢丝绳的性能要求。由于曳引绳在工作中反复受弯曲，且在绳槽中承受很高的比重，并频繁承受电梯启动、制动时的冲击，因此在强度、挠性及耐磨性方面，均有很高的要求。

1）强度。对曳引绳的强度要求，体现在静载安全系数上。

静载安全系数为

$$K_{静} = Pn/T$$

式中 $K_{静}$——钢丝绳的静载安全系数；

P——钢丝绳的最小破断拉力，N；

n——钢丝绳根数；

T——作用在轿厢侧钢丝绳上的最大静荷力，N。

T=轿厢自重+额定载荷+作用于轿厢侧钢丝绳的最大自重。

对于 $K_{静}$，国家标准规定应大于 12。

2）耐磨性。电梯在运行时，曳引绳与绳槽之间始终存在着一定的滑动而产生摩擦，因此要求曳引绳必须有良好的耐磨性。钢丝绳的耐磨性与外层钢丝的粗度有很大关系，因此曳引绳多采用外粗式钢丝绳，外层钢丝的直径一般不小于 0.6mm。

3）挠性。良好的挠性能减少曳引绳在弯曲时的应力，有利于延长使用寿命。为此，曳引绳均采用纤维芯结构的双挠绳。

B　限速器

设置在井道顶部适当位置。在轿厢向下超速运行时起作用。限速器的动作应发生在速度至少等于额定速度115%时。这时，限速器将限速钢丝绳轧住，同时断开安全钳开关，使主机和制动器同时失电制动；并拉动安全钳拉杆使安全钳动作，用安全钳钳块将轿厢轧住在导轨上，掣停轿厢，防止发生重大事故，离心式限速器如图3-8所示。

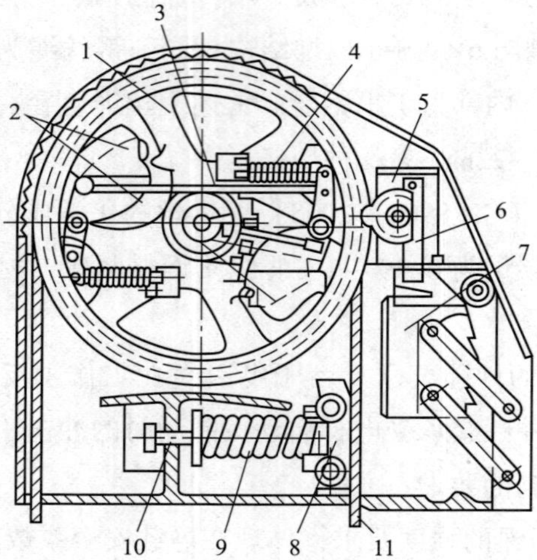

图3-8　离心式限速器

1—限速器绳轮；2—甩块；3—连杆；4—螺旋弹簧；5—超速开关；6—锁栓；7—摆动钳块；8—固定钳块；9—压紧弹簧；10—调节螺栓；11—限速器绳

C　极限开关

a　开关的功能特点

极限开关一般装在机房内，当电梯轿厢运行到达井道的上、下端站极限工作位置时，由于端站限位开关失效而超过轿厢极限工作行程50~200mm时，此极限开关就应急动作，切断电梯的主电源而停住轿厢。

常用的极限开关是一种特殊设计的闸刀开关，可以作电源开关使用，也可与电源开关串联连接。当轿厢超过极限位置时，附装在轿厢架上的越程撞弓与井道内所设置的越程打脱架碰撞。使打脱架动作并拉动越程开关钢丝绳迫使极限开关动作，切断主回路，使轿厢停止运行。

这是电梯中除去端站减速开关及端站限位开关以外的最后一道防线。其动作主要是依靠机械动作来拉动闸刀开关。对轿厢上、下端站的超越极限工作位置都能适用。由于极限开关只在上、下端站减速开关和上、下端站限位开关都失效时才会起作用，动作机会较少，所以不易损坏。但每次动作后必须到机房内用手动复位，才能使电梯继续运行。

b 极限开关设置和使用要求

极限开关应是用机械的动作来保证切断电梯主电源的开关装置，不允许利用空气开关或其他电气控制方式来操作，此种开关必须能带负荷合闸或松闸，并且不能自动复位。一次越程动作断电后，必须查明轿厢越程原因，排除故障后，才能将极限开关复位和接通电源。

D 控制柜

控制柜设置在机房内与曳引机相近位置，该柜上有各种继电器和接触器，通过各种控制线和控制电缆与轿厢上各控制器件连接。当按动轿厢或层站操纵盘上各种按钮时，控制柜上各种相应的继电器就吸合或断开，操纵电梯启动与运转，停车与制动，正、反转，快速慢速，以达到预定的自动控制性能和安全保护性能的要求。

E 信号屏

当电梯层站较多（一般超过7站时），就应增设信号屏。屏内装有层楼指示、召唤、选层等作用的继电器，当按下任何一站层门旁的召唤按钮时，相应的继电器就吸上自保。使召唤灯点亮，当继电器复位时熄灭。在信号控制电梯中召唤继电器屏也用作记忆层外的召唤命令，当电梯轿厢经过或达到该层楼时，就能使之自动停靠，在停靠的同时使继电器复位。当层楼数很多时（一般为16层上时）信号屏根据需要可分为层楼指示屏、召唤屏和选层屏。对层站较少的电梯，这些信号屏将都并入控制屏而只设一只控制柜。

F 选层器和层楼指示器

a 选层器

选层器具有与轿厢同步运动部分，它的作用是判定记忆下来的内选、外呼和轿厢的位置关系，确定运行方向，决定减速，确定是否停层，预告停车指示轿厢位置，消去应答完毕的呼梯信号，控制开门和发车等。选层器可分为机械式选层器、电动式选层器、继电器式选层器、电子式选层器等四种。

b 层楼指示器

层楼指示器（即走灯机）在层楼较少的电梯中，有时不设选层器而设置层楼指示器。它由曳引机主轴一端引出运动，通过链轮、链条、齿轮传动带动电刷旋转，层楼指示器机架圆盘上有代表各停站层的定触头，电刷旋转时与这些触头连通，就点亮了层门上的指示灯、轿内指示灯和使用自保的召唤继电器，在电梯到站时复位之用。在层楼指示器作用下，当轿厢位于任一层楼时，相应于该楼的选层继电器吸上接通或断开一组触头，达到了控制电梯停车和换向的目的。

G 导向轮

导向轮也称为过桥轮或抗绳轮，是用于调整曳引钢丝绳在曳引轮上的包角和轿厢与对重的相对位置而设置的滑轮。这种滑轮常用 QT45-5 球墨铸铁铸造后加工。它的绳槽可采用半圆槽，槽的深度应大于钢丝绳直径的 1/3。槽的圆弧半径 R 应比钢丝绳半径放大 1/20。导向轮的节圆直径与钢丝绳直径之比也应采用 40 倍，这与曳引轮是一样的。

3.2.3.2 轿厢

轿厢是电梯中装载乘客或货物的金属结构件，借助轿厢架立柱上下四个导靴沿着导轨作垂直升降运动，完成载客或载货的任务。

轿厢的一般规定为保证轿厢的功能满足各种使用要求，对轿厢的几何尺寸有相应的要求。各类轿厢除杂物梯外内部净高至少为 2000mm。通常，载货电梯内部净高度为 2000mm。乘客梯因顶部装饰需要净高度为 2400mm。住宅电梯为满足家具的搬运，其内部高度一般为 2400mm。轿厢门净高度至少为 2000mm。

轿厢的宽深比一般是客梯轿厢宽度大而深度小，以利于增加开门宽度，方便乘客出入。病床梯轿厢为满足搬运病床的需要，深度不小于 2500mm，宽度不小于 1600mm。货梯轿厢可根据运载对象确定不同宽度的宽深度尺寸。

A 轿厢架

轿厢架又称为轿架，是轿厢中承重的结构件。轿厢架有两种基本类型。

(1) 对边形轿厢架。适用于具有一面或对面设置轿门的电梯。这种形式的轿架受力情况较好，是大多数电梯所采用的构造方式。

(2) 对角形轿厢架。常用在具有相邻两边设置轿门的电梯上，这种轿厢架受力情况较差，特别对于重型电梯，应尽量避免采用。

轿厢架的构造，不论是对边形轿厢架或对角形轿厢架，均由上梁、下梁、立柱、拉杆等组成，这些构件一般都采用型钢或专门摺边而成的型材，通过搭接板用螺栓接合，可以拆装，以便进入井道组装。对轿厢架的整体或每个构件的强度要求都较高，要保证电梯运行过程中，万一产生超速而导致安全钳轧住导轨掣停轿厢，或轿厢下坠与底坑内缓冲器相撞时，不致发生损坏情况。对轿厢架的上梁、下梁，还要求在受载时发生的最大挠度应小于其跨度的1/1000。

B 轿厢底

轿厢底由底板及框架组成，框架一般用槽钢和角铁制成，有的用板材压制成形后制作，以减轻重量。底板直接与人和货物接触，对于货梯因承受集中载荷，底板一般用4~5mm的花纹钢板直接铺设；对于客梯常采用多层结构。即底层为薄钢板，中间是原夹板，面层铺设塑胶板或地毯等。

C 轿壁

一般轿厢的厢壁用厚度为1.5mm钢板经摺边后制作，为装饰上的要求，轿壁可做成钢板涂塑的，或贴铝合金板带嵌条，在高级的电梯贴覆镜面不锈钢做装饰。有时为了减轻自重，在货梯或杂物梯上，也可将轿壁板上半部采用钢板拉伸网制作。轿壁应具有足够的机械强度，从轿厢内任何部位垂直向外，在5cm^{2}圆形或方形面积上，施加均匀分布的300N力，其弹性变形不大于15cm。

D 轿顶

轿顶上应能支撑两个人。在厢顶上任何位置应都能承受2000N的垂直力而无永久变形。此外，轿顶上应有一块不小于0.12m^{2}的站人用的净面积，其小边长度至少应0.25m。

对于轿内操作的轿厢，轿顶上应设置活板门（即安全窗），其尺寸应不小于0.3m×0.5m。

该活板门应有手动锁紧装置，可向轿外打开，活板门打开后，电梯的电气联锁装置就断开，使轿厢无法开动，以保证安全。同时，轿顶还应设置检修开关、急停开关和电源插座，以供检修人员在轿顶上工作时使用的需要，在轿顶靠近对重的一面设置防护栏杆，其高度不超过轿厢架的高度。

E 导靴（即轿脚）

装在轿厢架上横梁两侧和下横梁安全钳座下部，每台轿厢共装4套，是为了防止轿厢（或对重）运行过程中偏斜或摆动而设置的。

导靴是引导轿厢和对重服从于导轨的部件。轿厢导靴安装在轿厢上梁和轿厢底部安全钳座下面；对重导靴安装在对重架上部和底部。

导靴的种类，按其在导轨工作面上的运动方式可分为滑动导靴和滚动导靴。

滑动导靴又按其靴头的轴向位置是固定的还是浮动的，可分成固定滑动导靴和弹性滑动导靴。

F 平层感应器

在采用电气平层时常用于簧管式平层感应器，装在轿厢顶侧适当位置，当电梯运行进入平层区域时，由井道内固定在导轨背面的平层感应钢板（也称为遮磁板）插入固定在轿厢架上的感应器而发出信号，使电梯自动平层。

G 安全钳

安全钳装在轿厢下横梁旁侧，在轿厢下行时因超载、断绳、失控等原因而发生超速下降或坠落时动作，将轿厢轧住掣停在导轨上。图 3-9 为弹性导向夹钳式安全钳。夹持件为 2 个楔形钳块，楔块背面有滚柱组，滚柱可在钳体的钢槽内滚动。当提拉杆将楔形钳块向上提起，楔块背面滚柱组随动，楔块与导轨面接触后，楔块继续上滑一直到限位板停止，此时楔块夹紧力达到预定的最大值，形成一个不变的制动力，使轿厢以较低的减速度平滑制动。最大夹持力可由钳臂尾部的弹簧预定的行程确定。

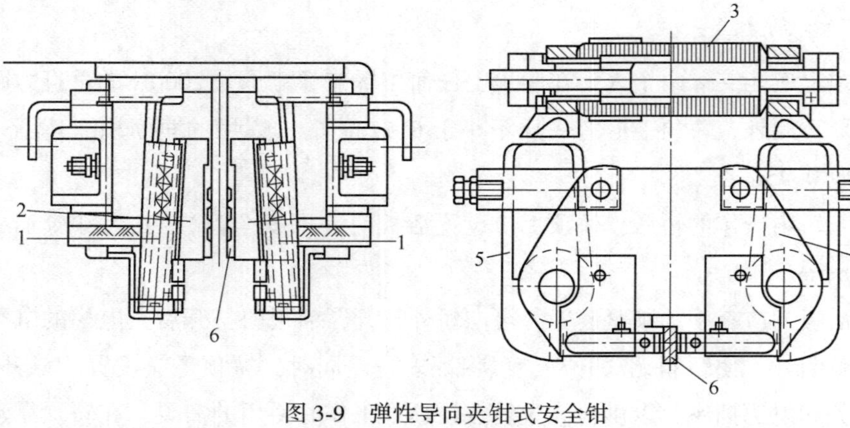

图 3-9 弹性导向夹钳式安全钳

1—滚轮组；2—楔块；3—蝶形弹簧组；4—钳座；5—钳臂；6—导轨

H 反绳轮

反绳轮是设置在轿厢顶和对重顶的动滑轮及设置在机房的定滑轮。根据需要，曳引绳绕过反绳轮可以构成不同的曳引比。反绳轮的数量可以是 1 个、2 个或 3 个等，由曳引比而定。

I 轿厢操纵箱

轿厢内轿门附近应设有轿厢操纵箱，包括有主操纵盘、副操纵盘，轿内指层器等。主操纵盘上装有轿厢行驶开关、停层开关、关门开关等供驾驶电梯正常工作用的操纵开关，以及供特殊情况下使用的应急开关、电源开关。对于轿外操纵的电梯，操纵箱一般装在每层层楼的层门旁侧井道墙上。

3.2.3.3 层站部分

A 电梯门

（1）门的分类。按安装位置分类，即电梯门分为层门和轿厢门。层门装在建筑物每层层站的门口，轿厢门挂在轿厢上坎，并与轿厢一起升降。按开门方式分类，有水平滑动门和垂直滑动门两类。

水平滑动门分为中分式门和旁开式门，中分式门有单扇中分、双折中分，旁开式门有单扇旁开、双扇旁开、三扇旁开，如图 3-10 所示。

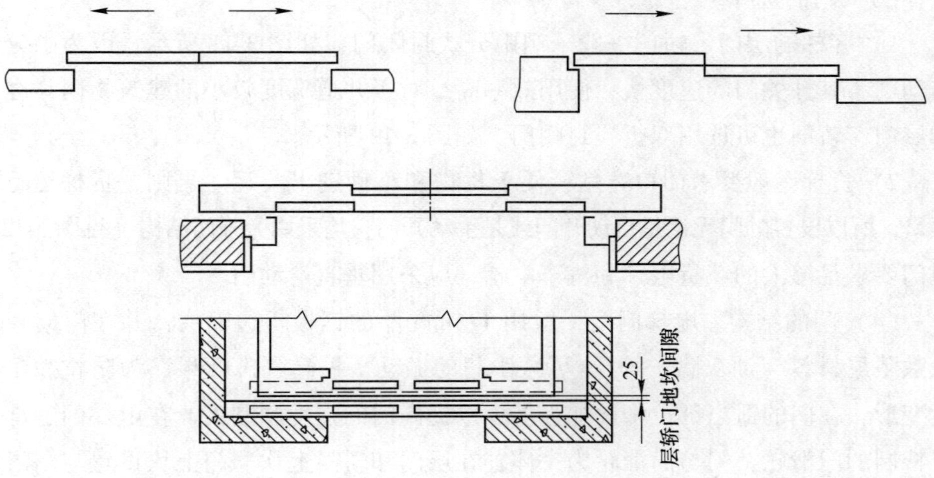

图 3-10 门的类型与方式

（2）层门与轿厢门的配置关系。层、轿门有各种配置关系，层门、轿门为中分式封闭门，如图 3-11 所示。层门、轿门为双折式封闭门，如图 3-12 所示。层门、轿门为中分双折式封闭门，如图 3-13 所示。

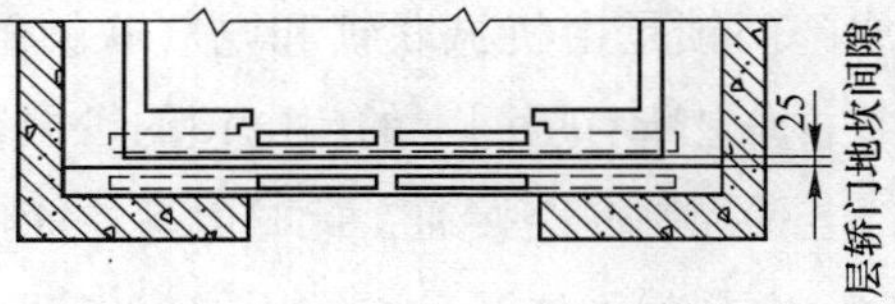

图 3-11 层门、轿门中分式封闭

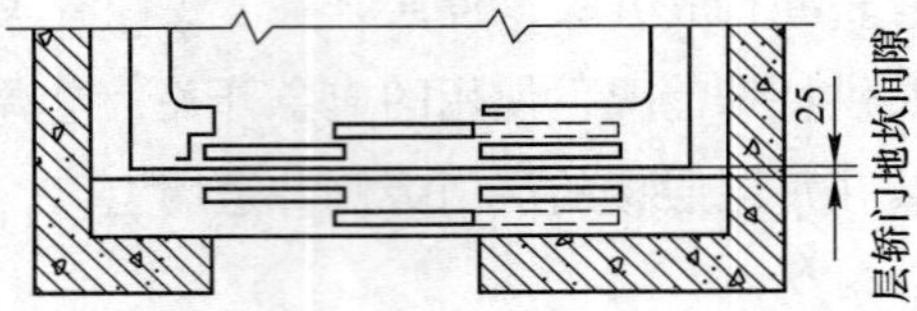

图 3-12 层门、轿门双折封闭

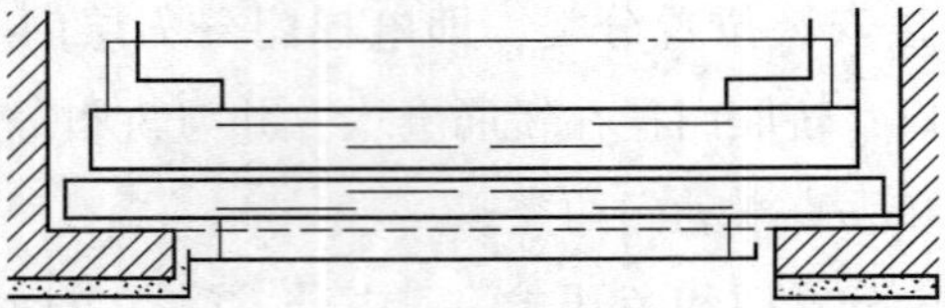

图 3-13 层门、轿门中分双折

(3) 门的选择。

1) 客梯的层门、轿门一般采用中分式封闭门，如图 3-11 所示。因为中分式自动门，其开关门的速度快，使用效率高。对于井道宽度较小的建筑物内，客梯的层门、轿门也可选用双折式封闭门，如图 3-12 所示。

2) 货梯一般要求门口宽敞，便于货物和车辆进出装运。再则，货梯运行不频繁，所以设置的门无论是自动开门或是手动开门，均采用旁开门结构（见图 3-12)。对门要求足够大的载货电梯和汽车电梯，应采用垂直滑动门。

(4) 门的结构。电梯门扇一般用 1.5mm 厚的钢板折边而成，并在门扇背面涂敷阻尼材料（油灰腻子等)，可减小门的振动，提高隔声效果。为防止撞击产生变形，在门的适当部位增设加强筋，以提高门的强度和刚度。在电梯门上部装有特制的门滑轮，门与门滑轮为一体挂在层门和轿门上坎。门上坎设置与门滑轮相适应的滚动导轨。为保证层门、轿门在开关过程中的平稳性，在门的下部设置门导靴，确保门导靴在规定的地坎槽中滑移。

(5) 开关门机。电梯的开关门方式有手动和自动两种。为使电梯运行自动化以及减轻电梯司机劳动强度，需要设置自动开关门机构，电梯实现电脑化后，其有着更多、更复杂的控制功能。

(6) 层门门锁。层门门锁是由机械联锁和电气联锁触点两部分结合起来的一种特殊的门电锁。当电梯上所有层门上的门电锁的机械锁钩全部啮合，同时层门电气联锁触头闭合，电梯控制回路接通，此时电梯才能启动运行。如果有一个层门的门电锁动作失效，电梯就无法开动。常用层门门锁有手动门锁和自动门锁两种。

(7) 证实层门闭合的电气装置。

1) 每个层门的电气锁都应是联锁的，如果一个层门（或多扇层门中的任何一扇门）开着，在正常操作情况下，应不可能启动电梯，也不可能使它保持运行。

2) 在与轿门联动的水平滑动层门的情况中，倘若这个装置是依赖于层门有效关闭的话，则它可以用来证实锁紧状态。

3) 在铰链式层门的情况下，此装置应装于门的关闭边缘处或装在验证层门关闭状态的机械装置上。

4) 对于用来验证层门锁紧状态和关闭状态的装置的共同要求有：

①在门打开或未锁住的情况下，从人们正常可接近的位置，用一个单一的不属于常规操作的动作应不可能开动电梯。

②验证锁紧元件位置的装置必须动作可靠。

(8) 门保护装置。对于自动门电梯应有一种装置，在门关闭后不小于 2s 时间内，防止轿厢离开停靠站。从门已关闭后到外部呼梯按钮起作用之前，应有不小于 2s 时间，让进入轿厢的使用者能揿压其选择的按钮。轿门由动力进行关闭，则应有一个关门时反向开门的装置。为不使乘客被自动关闭的门所夹持或碰痛，常采用门保护装置。

B 层门层楼显示器

即层楼指示灯，装在层门上面或侧面，向层站上乘客指示电梯行驶方向及轿厢所在层楼。也有不用指示灯而用指针的机械式层楼显示器。

C 层门呼梯按钮

装在层门侧面，分为单按钮和双按钮两种。在上端站或下端站应装用单按钮。其余层站应装用双按钮。

3.2.3.4 井道部分

A 导轨

导轨是为电梯轿厢和对重提供导向的构件。电梯导轨的种类，以其横向截面的形状区分，常见的有四种，如图 3-14 所示。对于后三种导轨的工作表面，一般均不经过加工，通常用于运行平稳性要求不高的低速电梯，如杂物梯、建筑工程梯等。电梯导轨使用 T 形为多，此种导轨具有良好的抗弯性能和可加工性。T 形导轨的主要规格参数是底宽 b，高度 h 和工作面厚度 k，如图 3-15 所示。

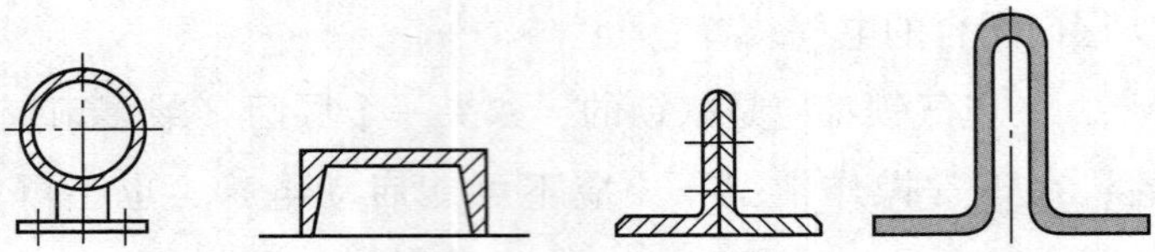

图 3-14 导轨的种类

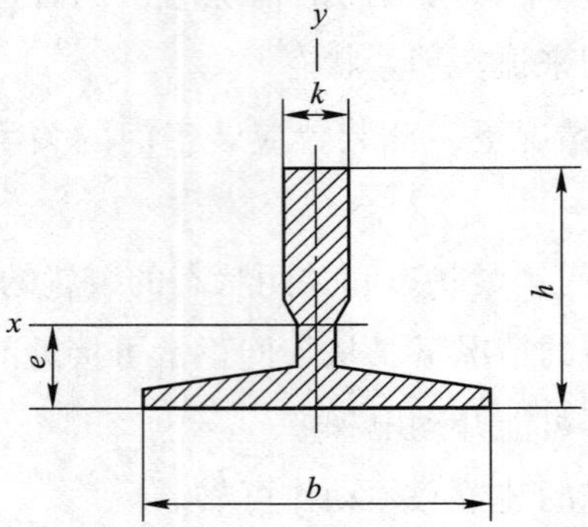

图 3-15 T形导轨参数

对于不装安全钳的对重导轨或杂物电梯的导轨，允许用表面平滑并经过校直的角钢等型钢做导轨。T形导轨的接头应做成凹凸形。两根导轨接头处用连接板和螺栓连接定位。其连接刚度不得低于导轨其他部分的刚度。

导轨通常敷设于井道壁上的导轨撑架上。用特殊的压导板通过圆头方颈螺栓、垫圈、螺母加以固定。每个导轨至少设有两个导轨架，其间隔应小于2.5m。电梯运行时，导轨限制轿厢和对重沿着严格的铅垂直线上下升降移动。当安全钳动作时，导轨应具有足够的强度和刚度承受满载轿厢的全部质量，通过安全钳钳头或楔块将轿厢轧住在导轨上，并经得起所发生的冲击载荷。

B 导轨架

导轨架作为支撑和固定导轨用的构件，固定在井道壁或横梁上，承受来自导轨的各种作用力。其种类可分为以下几种。

（1）按服务对象。可分为轿厢导轨架、对重导轨架、轿厢与对重共用导轨架等。

（2）按结构形式。可分为整体式结构和组合式结构。

（3）按形状分。导轨架有多种形状，常见的有山型导轨架，其撑臂是斜的，倾斜角为15°或30°，具有较好的刚度。一般为整体式结构，常用于轿厢导轨架。框形导轨架，其形状成矩形，制造比较容易，可制成整体式或组合式，常用于轿厢导轨架和轿厢与对重共用导轨架。L形导轨架，其结构简单，常用于对重导轨架。

C 补偿装置

电梯行程30m以上时，由于曳引轮两侧悬挂轿厢和对重的钢丝绳的长度有变化，而需要在轿厢底部与对重底部之间装设补偿装置（见图3-16）来平衡因曳引钢丝绳在曳引轮两侧长度分布变化而带来载荷的过大变化。有补偿链和补偿绳两种形式。

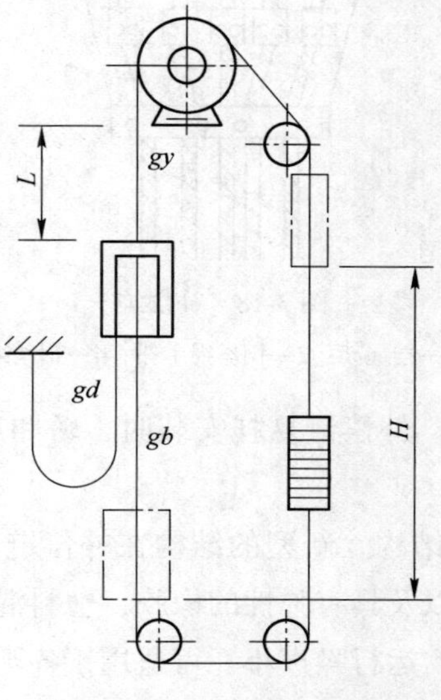

图3-16 质量补偿装置

（1）补偿链。以铁链为主体，悬挂在轿厢与对重下面。为降低运行中铁链碰撞引起的噪声，在铁链中穿上麻绳，如图3-17所示。此种装置结构简单，但不适用于高速电梯，一般用在速度小于1.75m/s的电梯。

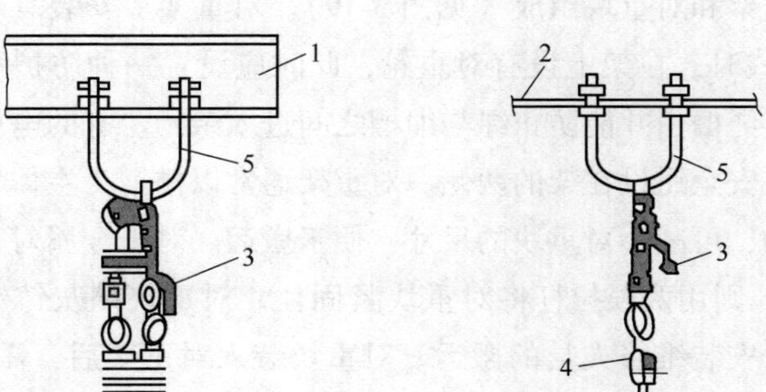

图3-17 补偿链

1—轿厢底；2—对重；3—麻绳；4—铁链；5—U形卡箍

（2）补偿绳。以钢丝绳为主体，悬挂在轿厢或对重下面，具有运行较稳定的优点，常用于速度大于 1.75m/s 的电梯，如图 3-18 所示。

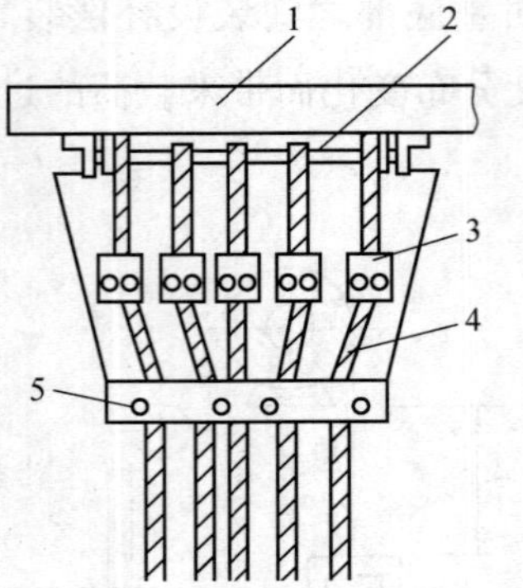

图 3-18 补偿绳

1—轿厢底梁；2—挂绳架；3—钢丝绳卡钳；4—钢丝绳；5—定位卡板

（3）平衡补偿链悬挂。补偿链悬挂安装时，轿厢底部采用 S 形悬钩及 U 形螺栓连接固定。

（4）新型平稳补偿链结构。新型的结构在补偿链的中间有低碳钢制成的环链，中间填塞为金属颗粒以及具有弹性的橡胶、塑料混合材料，且形成表面保护层。此种补偿质量密度高，运行噪声小，可适用于各类快速电梯。

D 对重

对重的作用是以其质量去平衡轿厢侧所悬挂的质量，以减少曳引机功率和改善曳引性能。当电梯负载与对重十分匹配时，还可以减少钢丝绳与绳轮之间的曳引力，延长钢丝绳的寿命。

对重由对重架和对重块组成（见图 3-19）。对重架上安装有对重导靴。当采用 2∶1 曳引方式时，在架上设有对重轮，此时应设置一种防护装置，以避免悬挂绳松弛时脱离绳槽，并能防止绳与绳槽之间进入杂物。有的电梯在对重上设置安全钳，此时，安全钳设在架的两侧。对重架通常以槽钢为主体构成，有的对重架制成双栏结构，可减小对重块的尺寸，便于搬运。对于金属对重块，且电梯速度不大于 1m/s，则用两根拉杆将对重块紧固住。对重块用灰铸铁制造，其造型和质量均要适合安装维修人员的搬运。对重块装入对重架后，需要用压板压牢，防止电梯运行中发生窜动。

E 控制电缆

轿厢内所有电气开关、照明、信号的控制线要与机房、层站连接，均需通过

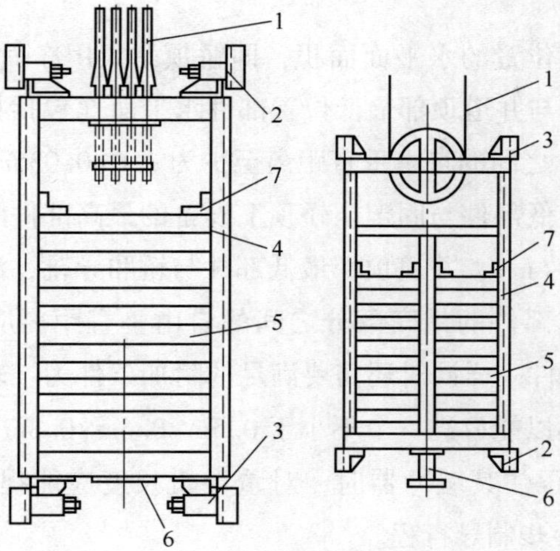

图 3-19 对重装置

1—曳引绳；2，3—导靴；4—对重架；5—对重块；6—缓冲器碰撞；7—压紧装置

控制电缆，一般在井道中间位置有接线盒引出接头，通过控制电缆从轿厢底部接入轿厢，也可从机房控制柜直接引入井道。

F 限位开关及减速开关

（1）限位开关是控制电梯轿厢运行时不允许超过上下端站一定的位置，如果轿厢越位碰到限位开关，就会切断电梯控制回路，使电梯停止运行。限位开关装在井道上部和底坑中，开关上装有橡胶滚轮，轿厢上装有撞弓，轿厢在正常行程范围内其撞弓不会碰到限位开关，只有发生故障或超载、打滑时才会碰到该限位开关而切断控制回路。

（2）减速开关装在限位开关前面，上端站减速开关在上端站限位开关下方。下端站减速开关在下端站限位开关上方，当轿厢运行到上端站或下端站进入减速位置时，轿厢上的撞弓应先碰到减速开关，该开关动作将快车继电器切断使轿厢减速防止越位。这种装置也属于用机械碰撞转换为电气动作，所以也称为机械强迫减速装置。

G 井道的顶部空间和底坑尺寸要求

（1）井道的顶部空间。

1）当对重完全压实在缓冲器上时，应同时满足下面三个条件。

①轿厢导轨长度应能提供不小于 $0.1+0.035v^2$（m）的进一步制导行程，v 为

轿厢额定速度（m/s）。

②轿厢顶部最高位置的水平面面积，即轿顶站人用净面积，大于 0.12m^2 其短边至少为 0.25m，与井道顶部最低位置部件水平面（包括托梁或固定在井道顶下面部件的下端面）之间的自由垂直距离至少为 $1.0+0.035v^2$（m）。

③井道顶部的最低部件与固定在轿顶上设备的最高部件间的自由垂直距离应不小于 $0.3+0.035v^2$（m），井道顶部最低部件与轿厢导靴、滚轮、钢丝绳附件和垂直滑动门的横梁或部件的最高部分之间的自由垂直距离应不小于 $0.1+0.03v^2$（m）。与以上三个条件一样同时还需要满足的附加条件为：轿厢上方应有足够的空间，该空间的大小以能放进一个不小于 0.5m×0.6m×0.8m 的矩形体为准。

2）当轿厢全部压住其缓冲器时，对重导轨长度应能提供一个不小于 $0.1+0.035v^2$（m）的进一步制导行程。

3）对备有补偿绳，张紧轮并装有防跳装置的电梯，计算间距时 $0.035v^2$（m）值可用张紧轮可能移动量再加上轿厢行程的 1/500 代替，考虑到钢丝绳的弹性，替代的最小值为 0.2m。

（2）底坑。

1）井道下部应设底坑，底坑内设有缓冲器、导轨底板及排水装置。底坑的底部应光滑平整，不得漏水和渗水。

2）除层门外，如有通向底坑的门，应符合安全门的技术要求。如底坑深度超过 2.5m，建筑物的布置允许对应设置底坑进口门。为了便于检修人员安全地进底坑，如果没有其他通道，应设置从层门进入底坑的永久通道。但此通道不得凸入电梯运行空间。

3）轿厢完全压实在缓冲器上时，应同时满足下述条件：

①底坑中应有能放进一个不小于 0.5m×0.6m×1.0m 的矩形块为准的空间，矩形块可任一面着地。

②底坑的底部与轿厢最低部分间的净空距离应不小于 0.5m。该底部与导靴或滚轮、安全钳楔块、护脚板或垂直滑动门的部件间的净空距离不超过 0.1m。

3.2.4　电梯的主要技术参数

电梯的主要性能指标包括速度特性、工作噪声及平层准确度。

3.2.4.1　速度特性

对于速度特性指标，《电梯技术条件》（GB 10058—88）对加减速度最大值及垂直、水平振动速度的合格标准作了规定：加减速的最大值<1.5m/s^2；直振动加速度≤25cm/s^2；水平振动加速度≤15cm/s^2。

3.2.4.2 工作噪声

（1）机房噪声。电梯工作时，机房内的噪声级不应大于规定值（除接触器的吸合声等峰值外）。我国规定，噪声计在机房中离地面1.5m处选测5点，平均值≤80dB（A）。

（2）轿厢内噪声。电梯在运行中，轿厢内的噪声级不应超过规定值。我国规定噪声计安放在轿厢内部平面中央，离地1.5m处，其测量值≤55dB（A）。

（3）门开闭噪声。电梯开关门过程中的噪声级，不应大于规定值。我国规定噪声计放在层楼上，离地1.5m，在门宽度中央距门0.24m处，其测量值≤65dB（A）。

3.2.4.3 平层准确度

平层准确度是指轿厢到站停靠后，其地坎上平面与厅门地坎上平面垂直方向的误差。

当电梯分别以空载和满载作上、下正常运行时，停靠同一层站的最大误差值应满足下列要求。

交流双速电梯：v≤0.63m/s时，差值≤±15mm；

交流双速电梯：v≤1m/s时，差值≤±30mm；

交、直流调速电梯：v≤2.5m/s时，差值≤±15mm。

3.3 场（厂）内专用机动车辆基础知识

3.3.1 场（厂）内专用机动车辆的概念

广义而言，场（厂）内专用机动车辆是指仅限于在厂矿、机关、团体、学校、码头、货场、生产作业区、施工现场、厂内火车专用线等企事业单位区域内使用运行的机动车辆。狭义而言，根据国务院412号令，场（厂）内机动车辆实施行政许可监管的范围是指：限于在使用单位场区范围内（含工厂、码头、货场、车站等生产作业区域）或特定区域（含施工现场）行驶和作业，最大行驶速度（设计值）超过5km/h或具有起升、回转、翻转等工作装置，由动力装置驱动或牵引的轮式专用机械和履带式自行专用机械，不包括各类铁路机车和轨道上（含城市公交轨道）行驶的车辆。

场（厂）内专用机动车辆主要用于运输作业、搬运作业以及工程施工作业等。其种类繁杂，厂矿、企业自制、改装的机动车辆也很多。场（厂）内专用机动车辆往往兼有装卸、运输、施工作业功能，并可配备各种可拆换的工作装置或专属用具，能机动灵活地适应多变的物料搬运和工程施工作业场合，经济高效地满足各种短距离物料搬运和工程施工作业的需要，在现代生产过程中已占据着越来越重要的地位。

3.3.2 场（厂）内专用机动车辆的分类

《特种设备分类目录》将场（厂）内专用机动车辆分为：轮式自行专用机械、履带式自行专用机械、蓄电池车、客车类、汽车类、方向船轮式拖拉机、手扶拖拉机、手把式三轮机动车、其他机动车。GB/T 16178 将场（厂）内专用机动车辆分为大型汽车、小型汽车、专用汽车、大型轮式自行专用机械、小型轮式自行专用机械、履带式自行专用机械、筑路专用机械、大型方向盘式拖拉机、手扶拖拉机、手把式三轮摩托车、手把式二轮摩托车、有轨机车和电瓶车。在此，按机动车辆工作原理、功能、结构和行业习惯及相关标准对车辆进行分类如下。

（1）汽车。主要指为机场、港口、工矿企业等场内载货、载客、运行的车辆。

（2）轨道式搬运车辆。主要包括工矿内燃机车、工矿电机车和电动平车。

（3）工程建筑机械。主要包括以下几类。

1）工业搬运车辆。由自行轮式底盘与工作装置或承载装置组成，主要用于码头、车站、仓库、各类企业的内部运输和装卸等工作。包括各类牵引车、搬运车、跨车等。

2）挖掘机械。用以开挖土方和装卸爆破后的石方，是一种重要的工程建设机械产品，广泛适用于矿山、冶金、筑路、水利工程、市政建设等工程。随着经济的发展，它必将发挥越来越重要的作用。根据行走装置传动型式分为全液压式、半液压式。根据不同的行走等又可分为履带式、轮胎式、汽车式和悬挂式。目前以全液压履带式挖掘机为主，因其附着力大、接地比压小（软土或沼地可采用加宽和加长履带的低比压挖掘机）、作业时不用支腿；越野性能和爬坡性能良好，行驶速度低，档位数小，操作简单，故应用最为广泛。

3）铲土运输机械。通过行走装置与地面相互作用产生驱动力而对地面土壤进行铲掘、平整，并进行短距离运输。包括推土机、装载机、铲运机、平地机、翻斗车等。

4）工程起重机械。通过吊钩的垂直升降运动和水平运动的复合运动，按工程要求转换重物位置。包括汽车式起重机、轮胎式起重机、履带式起重机、塔式起重机等。

5）压实机械。用以强化介质（土壤和混合物料等）的密实程度。包括压路机和夯实机两大类。

6）桩工机械。用以完成桩基工程。包括打夯机、钻孔机等。

7）装修车辆。用于对建筑物内部和外部进行装潢修饰。地面修整机、屋面施工机械、装修用升降平台等。

8）凿岩机械。对母岩和母矿凿孔供装药爆破用的机械。包括凿岩机、破碎锤等。

9）气动工具。用于取代手工操作并以压力空气为动力源的机械。包括回转类、冲击类以及其他气动工具等。

10）路面机械。用于公路稳定层和路面层进行修筑和维护保养。包括稳机械、沥青路面施工机械、水泥路面施工机械、养护机械等。

11）钢筋机械。在混凝土预制构件生产和混凝土工程施工过程中对所需钢筋包括钢筋调直、弯曲成型、切断、绑扎成型等设备。

12）混凝土机械。在工程施工过程中用于混凝土的制备、运输、浇注和振实等。包括搅拌机等混凝土制备机械、混凝土泵和混凝土输送车等输送机械、各种振捣器和振动台等振实机械。

13）线路机械。用于铁路轨道的铺设、拆装、更换以及线路维修保养。

14）市政工程机械。用于市政工程施工和作业。包括绿化机械、垃圾收集机械、街道清扫机械等。

（4）工业搬运车辆的分类和型号。工业搬运车辆按其作业方式分类如图 3-20 所示。

还可按其传动、运行、导向或非导向度或使用环境等进行分类。

1）固定平台搬运车。固定平台搬运车是载货平台不能起升的搬运车辆。一般不设装卸工作装置，主要用于货物的短距离搬运作业。

2）牵引车和推顶车。车辆后端装有牵引连接装置，用来在地面上牵引其他车辆的工业车辆为牵引车；车辆前端装有缓冲牵引板，用来在地面上做推顶其他

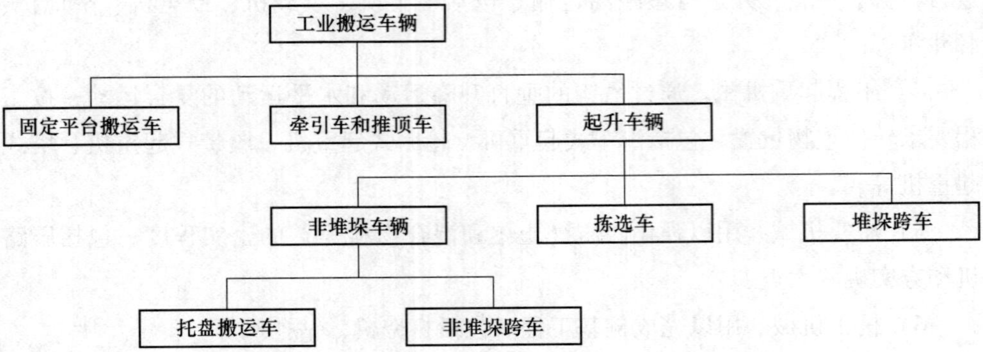

图 3-20 工业搬运车辆分类

车辆的工业车辆称为推顶车。牵引车是一种重要的机动工业车辆，属中低速车辆与平板拖车配合使用，主要适用于港口、机场、货场、转运站等场所中短距离货物运输作业，同时也适用于牵引港区内其他设备等。

3）起升车辆。起升车辆是具有起升和搬运货物功能的工业车辆。

4）堆垛用（高起升）车辆。具有升降平台或其他承载装置，可把货物起升一定高度进行堆垛或堆放作业的车辆。

5）非堆垛用车辆。具有平台、货叉或起升装置，能把货物起升到满足运行的高度（拣选车除外），进行搬运作业的车辆。主要车辆如下。

①托盘搬运车：装有货叉用来搬运带托盘的货物的车辆。

②非堆垛跨车：车体及起升装置跨在货物上，对货物进行起升和搬运作业的车辆。

③拣选车：操作台随平台或货叉一起起升，允许操作者将货物堆放在货架上，或从货架上取出货物放置在平台或货叉上的车辆。

3.3.3 场（厂）内专用机动车辆的结构

场（厂）内专用机动车辆构造一般由动力装置、底盘、工作装置、液压系统和电气设备五部分组成。平衡重式叉车的总体构造图如图 3-21 所示。

3.3.3.1 动力装置

目前场（厂）内专用机动车辆用动力装置主要有电动机和内燃机两类。内燃机又分柴油机和汽油机两种。内燃机一般由机体、曲柄连杆机构、配气机构、供给系统、润滑系统、冷却系统、点火系统和起动系统等部分组成。

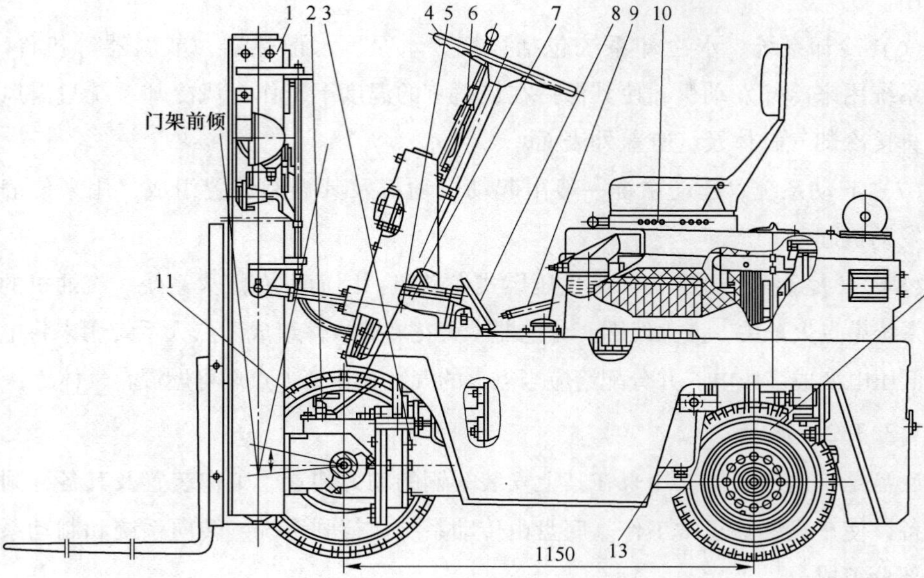

图 3-21 平衡重式叉车总体构造图

1—门架；2—驱动桥；3—变速器；4—方向盘；5—倾斜液压缸；6—换速换向手柄；7—离合器和脚制动踏板；8—加速踏板；9—手制动杆；10—车身；11—前轮；12—后轮；13—发动机

(1) 机体。机体是发动机的基本骨架，包括气缸体、气缸盖、气缸垫、缸套、上曲轴箱、下曲轴箱等主要机件。

(2) 曲柄连杆机构。包括活塞、活塞环、活塞销、连杆、曲轴、飞轮等机件。

(3) 配气机构。配气机构由进气门、排气门、气门弹簧及弹簧座、摇臂及摇臂轴、推杆、挺柱、凸轮轴及正时齿轮等机件组成。配气机构用来使进气门和排气门适时开启和关闭，以保证各气缸内进气、压缩、燃烧做功和排气过程的正常进行。

(4) 供给系统。汽油机供给系统由汽油箱、汽油滤清器、汽油泵、空气滤清器、化油器、进气歧管、排气歧管、排气消音器等机件组成。汽油机供给系统用来将过滤清洁的空气与汽油按不同的比例进行混合，进入气缸燃烧做功，并排出燃烧过的废气。

(5) 润滑系统。润滑系统包括机油泵、机油滤清器、机油散热器等机件。润滑系统用来润滑发动机各摩擦表面，使其阻力减小，并对摩擦表面起冷却、清洁作用。

(6) 冷却系统。水冷却系统包括风扇、水泵、水散热器、节温器等机件。冷却系统用来冷却发动机，使其保持在最适宜的温度下工作。风冷却系统只需风扇来直接冷却气缸体及气缸盖外表面。

(7) 起动系统。起动系统一般由起动电动机及其控制装置组成，用来使静止的发动机起动。

(8) 点火系统。由于柴油机是压燃式发动机，因而没有点火系统。汽油机的点火系统由点火开关、点火线圈、分电器、火花塞等机件组成。点火系统用来将电源的低压电变成高压电，并分配给应当点火的气缸火花塞，点燃可燃混合气体。

3.3.3.2 底盘

底盘是车辆的基体，用来在其上安装车辆的动力装置、工作装置及其各种附属设备，使车辆能够正常工作。底盘由传动系统、行驶系统、转向系统和制动系统四部分组成。

(1) 传动系统。传动系统将动力装置的动力按车辆行驶的要求传给驱动车轮。传统的机械传动系统由离合器、变速器、万向传动装置、主减速器、差速器、半轴和轮边减速器等机件组成。

(2) 行驶系统。场（厂）内专用机动车辆一般采用轮式行驶系统。行驶系统一般由车架、车桥、车轮和悬架等组成。行驶系统是车辆的基体，它将车辆连成一个整体，承受和传递车辆与地面间的各种载荷，并保证车辆能在各种路面上平稳地行驶。

(3) 转向系统。轮式车辆转向一般是由驾驶员通过转向系统机件改变转向车轮的偏转角来实现的。转向系统一般由方向盘、转向器和转向传动机构组成。

(4) 制动系统。为了保证车辆行驶安全，车辆必须有性能良好的制动系统，以根据需要迅速减速或停车。制动系统一般由制动器和制动驱动机构两部分组成。

3.3.3.3 工作装置

工作装置是场（厂）内专用机动车辆进行各种作业的直接工作机构。货物的叉取、升降堆码都靠工作装置完成。常用的叉车工作装置的主要部分是：货叉、叉架（滑架）、门架、链条和滑轮等。起升液压缸是叉架的驱动部分，倾斜液压缸使门架前后倾斜，以满足工作需要。为了做到一机多用，提高机器效能，除货叉外，叉车还可配备多种工作属具。

3.3.3.4 液压系统

场（厂）内专用机动车辆的液压系统主要用于工作装置以及大型车辆的液压助力转向或全液压转向。一个完整的液压系统一般由四部分组成。

（1）动力机构。液压泵，将机械能转变为液体的压力能。

（2）执行机构。包括液压缸或液压马达，把液体的压力能转换为直线运动或旋转运动的机械能。

（3）操纵机构。又称控制调节装置，通过它们来控制和调节液流的压力、流量（速度）及方向，以满足车辆工作性能的要求，并实现各种不同的工作循环。该部分包括分配阀、节流阀和溢流阀等部件。

（4）辅助装置。包括油箱、油管、管接头、滤清器等。

3.3.3.5 电气系统

普通以内燃机为动力的车辆，其用电设备有起动电动机、点火系统、照明及信号设备、空调设备、仪表设备等。以蓄电池为牵引动力的车辆，电气设备主要是牵引电动机以及照明、信号设备等。

3.3.3.6 行驶系统的功用与组成

行驶系统的主要功用是：支持整车的质量和载荷，并保证车辆行驶和进行各种作业。场（厂）内专用机动车辆普遍采用轮式行驶系统。轮式行驶系统由车架、车桥、车轮和悬架等组成。车架通过悬架连接着车桥，而车轮则安装在车桥的两端。对于行驶速度较低的各种作业车辆，为了保证其作业时的稳定性，一般不装悬架，而将车桥直接与车架连接，仅依靠低压橡胶轮胎缓冲减振，因此缓冲性能较装有弹性悬架的汽车为差。

3.3.3.7 转向系统的功能与组成

车辆在行驶中经常改变行驶方向，转向系统的功能是：当左右转动转向盘时，通过转向联动机构带动转向轮，使车辆改变行驶方向。

场（厂）内专用机动车辆行驶方向的改变是通过转向轮（一般是后轮）在路面上偏转一定角度来实现的。而对于一般车辆来讲，还有偏转前轮转向方式、前后轮同时偏转转向方式、斜行转向方式、多桥转向方式、铰接车架转向方式和速差转向方式等多种方式。

转向系统由转向操纵机构、机械转向器和转向传动机构三部分组成。驾驶员操纵转向器工作的机构叫作转向操纵机构，包括转向盘、转向轴、万向节、转向传动轴等机件；机械转向器是一个减速增扭机构，用来解决转向阻力矩很大而驾驶员体力小的矛盾；转向传动机构用来将转向器输出的力和运动传给两个万向节，从而使两侧转向轮按一定关系进行偏转的机构。转向传动机构包括：转向摇臂、转向主（纵）拉杆、转向节臂、转向梯形臂和转向横拉杆等机件。

3.3.3.8 制动系统的功能

制动系统的作用为了制约车辆的运动速度，车辆上装有制动装置。制动装置的功用有：

（1）使车辆相当迅速地减速，以致停车。

（2）防止车辆在下长坡时超过一定的速度。

（3）使车辆稳定停放而不致溜滑。

整个制动系统包括两部分，即制动器和制动驱动机构。直接产生制动力矩的部件称为制动器，一般车辆在全部车轮上都装有制动器；制动踏板、制动主缸和轮缸等总称为制动驱动机构，其作用是将来自驾驶员或其他动力装置的作用力传到制动器，使其中的摩擦副互相压紧，达到制动的目的。

3.3.3.9 液压系统工作原理

液压传动是利用工作液体传递能量的传动机构。各种车辆的液压传动是利用液压执行元件（工作液压缸和液压马达）产生的机械能，完成对货物的提升、装卸和搬运过程。其中叉车的液压装置最具代表性，因此通过叉车的液压传动，说明液压系统的组成和相关元件的结构、性能与工作原理。

液压传动利用处在密闭容积内液体的压力能来传递动力。液体虽然没有一定的几何形状，却有几乎不变的容积，因而当它被容纳于密闭的容器之中时，就可以将施加在液体表面的压力四处传递。当高压液体在密闭的几何容器内被迫移动时，就能推动负载产生位移，完成从液体压力能到机械能的转化。

3.3.3.10 电气系统及原理

叉车等场（厂）内专用机动车辆的类型复杂，品种多，总体来看，电气系统主要与车辆的驱动方式有关。对于内燃发动机驱动，电气系统的作用主要是用于车辆起动和照明，因此这类电气装置所用的电气元件较少，构造相对简单。而对于使用蓄电池驱动的车辆，如电瓶叉车、电瓶搬运车等，其电气系统是车辆作业的动力源和控制中心，因此涉及的电气元件多，构造复杂。

3.3.3.11 车辆控制仪表

（1）电瓶车辆的控制仪表。蓄电池车辆的操作主要是通过主令电器来接通和分断控制电路，包括转换开关、行程开关和按钮等。

（2）内燃发动机驱动的控制仪表。该类车辆的控制指示仪表多而杂，有机油压力表、挂挡压力表、水温表、油温表、电流表及车速里程表等。它们全部安装在仪表板上。

3.3.3.12　门架升降系统

门架升降系统是叉车的工作装置，是叉车最富有特色的部件。它负责货物的起升及相应的装卸、堆垛动作，并对叉车的整机性能有极大的影响。

为了解决装卸作业车辆所需的大起升高度与低结构高度之间的矛盾，叉车的门架由内门架和外门架组成，并且里、外嵌套，用起升液缸使内门架可在外门架内移动，成为可伸缩的构造。

门架升降系统根据要求的起升高度以及车辆最低结构高度的限制，可做成二级嵌套（只有内门架和外门架），称为二级门架；或做成三级嵌套（有内门架、中门架、外门架），称为三级门架。但不管几级门架，其嵌套构造的方式是类似的。因此，以下通过二级门架说明其构造。

一个完整的二极门架升降系统除内、外门架外，还包括货叉、叉架、起升液压缸、倾斜液压缸及链条。二级部分自由提升双液压缸后置式全视野门架系统的典型构造如图 3-22 所示。

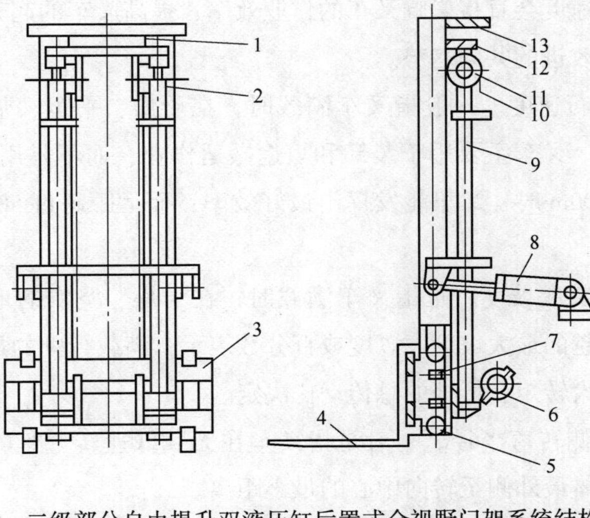

图 3-22　二级部分自由提升双液压缸后置式全视野门架系统结构示意图
1—内门架；2—外门架；3—叉架；4—货叉；5—纵向滚轮；6—门架下铰座；7—侧向滚轮；8—倾斜液压缸；9—起升液压缸；10—起升链条；11—链轮；12—浮动横梁；13—内架门上横梁

3.3.4 场（厂）内专用机动车辆的主要技术参数

由于场（厂）内专用机动车辆种类很多，车辆的功能、结构及作业条件等相差很大，因此不同类型车辆所要求的主要技术指标和参数不相同。在此以叉车为例，介绍场（厂）内专用机动车辆主要技术参数。

要选择适用的叉车，必须了解叉车的技术参数。叉车的技术参数包括性能参数、尺寸参数及质量参数。

（1）载荷中心距。它是指货叉上放置标准质量的货物、确保叉车纵向稳定时，其重心至货叉垂直段前壁间的水平距离值。在实际作业中，货物重心与其体积、形状及在货叉上的放置位置等多种因素有关。

（2）额定起升质量。它是指货叉起升货物时，货物重心至货叉垂直段前壁的距离不大于载荷中心距时，允许起升货物的最大质量。

（3）门架倾角。它是指无载叉车在平坦、坚实的地面上，门架相对其垂直位置向前和向后倾斜的最大角度。

（4）最大起升高度。它是指叉车在平坦坚实的地面上，满载、轮胎气压正常，门架直立，货物升到最高时，货叉水平段的上表面至地面的垂直距离。

（5）最大起升速度。通常指叉车在坚实的地面上满载时，货物举升的最大速度。最大起升速度会直接影响叉车的作业效率，提高叉车的起升速度是国内外叉车制造业技术改进的共同趋势。

（6）最大运行速度。一般指叉车满载时，在干燥、平坦、坚实的地面上行驶时的最大速度。叉车主要用于装卸和短途搬运作业，而不是用于货运。所以，在运距为100~200m时，叉车能发挥出最好效率；而运距超过500m时，则不宜采用叉车搬运。

（7）满载最大爬坡度。是指叉车满载时，在干燥、坚实的地面上，以低速等速行驶所能爬越的最大坡度，以度或百分数表示，满载行驶的最大爬坡度，一般由原动机的最大转矩和低挡的总传动比决定。

（8）最小外侧转弯半径。一般是指叉车在无载低速转弯行驶，转向轮处于最大转角时，车体最外侧至转向中心的最小距离。

（9）最小离地间隙。指车体最低点与地面的间隙。它是叉车在满载低速行驶时通过性的主要参数。

3.4 客运索道基础知识

3.4.1 客运索道的概念

客运索道是指动力驱动，利用柔性绳索牵引厢体等运载工具运送人员的机电设备，包括客运架空索道、客运缆车、客运拖牵索道等。

3.4.2 客运索道的分类

客运索道按其运行方式分可以分为往复式和循环式两大类。往复式索道可分为承重和牵引分开的往复式单客厢索道、承重和牵引分开的车组往复式索道及承重和牵引合一的单线车组往复式索道。循环式索道可分为连续循环式、间歇循环式（运行—停止—运行）和脉动循环式（快速运行—慢速运行—快速运行）三种。连续循环式应用最为广泛，其次是脉动循环式，间歇循环式较少采用。

客运索道还可按照使用的抱索器形式和运载工具的形式进行分类。按使用的抱索器形式分有固定抱索器客运索道和脱挂式抱索器客运索道，按所用的运载工具形式分有吊舱式、吊椅式、吊篮式和拖牵式四种。

3.4.2.1 单线循环固定抱索器客运索道

单线循环固定抱索器客运索道是采用一条闭合运载索在索道两端的驱动轮与迂回轮上，线路中间设有支架，支架上装有托索轮组和压索轮组。随着地形的变化将运载索托起或压下，按一定间距将吊椅、吊篮、吊厢抱索器固定连接在运载索上，驱动轮驱动运载索，带动吊椅、吊篮、吊厢实现运送乘客的目的。游客上下车一般在站房前端，不允许游客不下车绕过终端轮。索道除了上站、下站之外，亦可视情况设立中间站。

3.4.2.2 单线脉动循环车组式客运索道

单线脉动循环车组式客运索道工作原理是一条无极钢丝绳套在驱动轮和迂回轮上，这两轮分别装设在起点和终点站内。钢丝绳支承在各支架的托压索轮上，采用张紧装置保证钢丝绳具有一定的初张力。电动机的旋转运动经联轴器减速器驱动传至驱动轮，利用摩擦原理带动钢丝绳做循环运动。在钢丝绳上等距离用固定抱索器挂上双数倍组成客车，一般常用有 4 组或 6 组，钢丝绳带动客车运动，索道运行速度电气系统控制，无级调整。客车进站速度放慢，减至 0.3~0.4m/s，供游客上下车。客车出站后，速度增加至3~4m/s。线路速度及慢行速度的选择一般根据索道线路的长短、运量的多少、乘坐舒适性及设备容量来决定。

3.4.2.3 单线脉动循环车组式客运索道

脱挂式抱索器索道是用活动抱索器夹紧钢丝绳，由钢丝绳带动吊厢在线路上高速运行。进站时活动抱索器通过站口托开器打开抱索器使吊厢与钢丝绳脱离，吊厢在站内轨道上低速运行，方便游客上下车。吊厢出站时抱索器通过挂接器夹紧在钢丝绳上，由钢丝绳带动吊厢在线路上高速运行。吊厢在线路上等距离挂接，停止运行时，吊厢收到站内。开始运行时可以根据客流量，等距离挂合适数量的吊厢。

3.4.2.4 往复式索道

客车通过运行小车悬吊在拉紧的承载索上，牵引索与客车固结，驱动轮带动牵引索使客车沿承载索往复运行。客车进入两端站房停车，上下游客后，再反方向运行。它有两套钢丝绳系统，一套是承载索系统（单承载或双承载），一套是牵引索平衡索系统（单牵引或双牵引）。

3.4.2.5 客运地面缆车

客运地面缆车是利用钢丝绳作为牵引动力带动车厢在轨道上移动的设施。换言之，它是运载工具沿地面轨道或由固定结构支承轨道运行的设施。

3.4.2.6 客运拖牵索道

拖牵索道是利用架空绳索支承和牵引拖牵器来运送游客的一种运输设备。它要求穿上滑雪板或其他冬季运动装备沿地面滑行的游客进行配合。拖牵索道的基本特征是，用拖牵器牵引游客、在整个运输过程中游客必须主动参与且不离开地面。

3.4.3 客运索道的组成

客运索道一般由驱动装置、迂回装置、张紧装置、运载索、抱索器、吊具、支架及托压索轮组、电气及控制、安全装置、安全救护设备等部分组成。

(1) 驱动装置。驱动装置是索道提供动力的装置。主要由电动机—减速机—驱动轮组成的机电设备。驱动应有两套独立的驱动，即主驱动和辅助驱动。当主驱动出现故障时，辅助驱动可以把在线路上的乘客拉回站房。

(2) 迂回装置。与驱动轮、钢丝绳组成一个封闭的循环回路，起迂回导向作用。

(3) 张紧装置。为运载钢丝绳提供一定的张力，或使钢丝绳与驱动轮迂回轮有一定的摩擦力，使钢丝绳运转。张紧装置可分为重锤张紧和液压张紧。

(4) 运载索。运载索是索道最重要的关键件，应有足够的强度和安全系数。索道上使用的钢丝绳应选用耐磨性能好的同向捻线接触钢丝绳。

(5) 抱索器。抱索器是连接乘人设施和钢丝绳的关键部件，可分固定式抱索器和脱挂式抱索器。

(6) 吊具。乘人设施及与抱索器连接的吊挂设施。形式有吊椅、吊篮、吊厢，可乘人数有2人、4人、6人及上百人（往复式）。吊具应有足够的承载能力，必须安全可靠。地面缆车没有吊具，仅为车厢，车厢底部为车轮，与轨道相连。

(7) 支架及托压索轮组。支架上固定托压索轮组，起支承或压住钢绳。

(8) 电气及控制。控制客运索道的安全、正常、可靠的运行。主要有供电系统、电力拖动、电气控制、安全检测及自控系统、信号传输及广播等。

(9) 安全装置。为预防乘客发生意外伤害，保障运行时的人身安全和设备使用安全的设施。

(10) 安全救护设备。在客运索道紧急状况时，为营救线路上的乘客所使用的救护设备。救护设备必须保证完好。

3.5 大型游乐设施基础知识

3.5.1 大型游乐设施的概念

大型游乐设施是指列入《特种设备目录及管理》，用于经营目的，承载乘客游乐的设施，其范围规定为设计最大运行线速度大于或者等于2m/s，或者运行高度距离地面高于或者等于2m的载人大型游乐设施。包括大型游乐设施、其主要部件及其安全保护装置等。

3.5.2 大型游乐设施的分类及结构

大型游乐设施种类繁多，结构复杂，总共有13大类，分别是观览车类、滑行车类、架空游览车类、陀螺类、飞行塔类、转马类、自控飞机类、赛车类、小火车类、碰碰车类、滑道类、水上游乐设施、无动力设施。

熟悉和掌握大型游乐设施的结构特点及工作原理等知识，对从事大型游乐设施的安全管理、安装、维修、维护保养及操作等作业人员来说是必不可少的。下面分别介绍目前几种典型的大型游乐设施的结构特点和工作原理。

3.5.2.1 观览车类

代码为6100，其运动特点为乘人部分绕水平轴转动或摆动。主要有观览车、海盗船、大摆锤等。

A 观览车

大型观览车，也称摩天轮，根据观览车传动方式分摩擦轮、柱销齿轮、液压马达传动观览车，一般中、小型观览车采用前两种传动方式。观览车吊厢可以分为封闭式和非封闭式两种。目前，大多数观览车都采用封闭式吊厢。大型观览车绕水平中心轴转动，运行速度比较慢，对于边运行边上下乘客的观览车，其速度不允许超过0.3m/s。

摩擦轮传动观览车主要由驱动电动机带动链轮，通过传动装置带动轮胎转动，轮胎由弹簧施加压力压紧在转盘的摩擦盘上，通过轮胎与摩擦盘的摩擦力带动观览车运行。

柱销齿轮传动观览车由电动机带动减速器，减速器带动柱销齿轮，齿轮与齿条相啮合，带动转盘转动。

液压马达传动观览车由液压马达带动小齿轮，小齿轮与大齿轮啮合带动转盘转动。

观览车一般由驱动装置、立柱、转盘、吊厢、站台、控制室、安全栅栏和备用发电机等组成。

观览车安全装置主要有两道保险门、吊厢吊挂保险、驱动电动机制动装置、吊厢防过摆阻尼装置、应急救援装置、备用发电机、避雷装置、防坠落安全网、安全栅栏等。

B 海盗船

海盗船依靠安装在乘人座舱底部的驱动轮胎搓动船体主梁，提升船体的摆幅，摆动到一定角度后，驱动电源断电，最后由制动系统对船体进行减速并制停。

海盗船一般由乘人座舱、支架、悬架系统、动力系统、站台、操作室、安全栅栏等组成。

海盗船安全装置主要有：座舱船体吊挂轴两道保险钢丝绳、座舱摆角限位装置、船体外侧挡杆、安全压杠、安全带、制动装置、安全压杠锁紧装置、安全栅栏等。

C 大摆锤

大摆锤由主电动机驱动吊臂带动座舱摆动，座舱同时做自旋转运动，吊臂摆动到设计摆角后，驱动电源断电，座舱随着自重缓慢降低摆动角度，运行末期，控制系统通过电制动逐渐降低并制停座舱，设备在起动及停止时伴有上下乘客平台的降落与起升。

大摆锤一般由支架、吊挂系统、旋转动力系统、座舱、摆动动力系统、站台和操作控制系统等组成。

大摆锤安全装置主要有座位安全压杠、束腰安全带、座位安全挡块及裆部安全带、安全压杠锁紧装置、吊臂铅锤限位、吊臂摆角限位、平台顶升限位、平台下降限位、外部确认按钮、压杠锁紧限位、座舱旋转定位限位等。

3.5.2.2 滑行车类

代码为6200，其运动特点：车辆本身无动力，由提升装置提升到一定高度后，靠惯性沿轨道运行；或车辆本身有动力，在起伏较大的轨道上运行。主要有悬挂式过山车、激流勇进、滑行龙、太空飞车等。

A 过山车

悬挂式过山车的运动原理一般为当乘客入座后，由站内操作人员压好安全压杠，系紧安全带，确定符合开机运行条件，由操作人员起动设备运行后，站台制动装置、推进器系统、轨道提升电动机先后自动开启运行，此时活动平台下降，列车驶出站台，并通过提升链条牵引至轨道提升段最高点后释放，列车沿着轨道惯性滑行，最终进入轨道缓冲区后减速并停止，再由站前、站内推进器驱动车辆至停车位，站内活动平台提升，乘客下车。

悬挂式过山车由滑行导轨、立柱、列车、提升系统、推进系统、制动系统、站台、电气系统等组成。

安全装置有安全压杠、安全带、压杠锁紧装置、车辆止逆装置、车辆两道保险钢丝绳、应急救援通道等。

B 激流勇进

激流勇进的运动原理一般为主水泵首先起动，把水从水池抽到第一提升段附近的水槽内，当水槽水位满足船安全出发条件后，船从站台出发后顺着水流前行到第一提升段并下滑，再进入第二提升段后下滑，最后回到站台。整个过程中，船的运动受到船体防撞自控系统的保护，船在两个下滑段如果由于故障而导致未能顺利冲到水道底部，防撞自控系统就会停止提升电动机的运行，阻止后来船只俯冲而发生船体相撞事故。

激流勇进由水道、站台、船、泵站、第一提升段、第二提升段、制动系统及控制系统等部分组成，并由水道将各机构连接成一体。

安全装置有止逆装置、把手、防撞自控系统、水位监测系统、船体前后缓冲装置、安全救援通道、安全栅栏等。

3.5.2.3 架空游览车类

代码为6300，其运动特点为沿架空轨道运行。主要有太空漫步、爬山车等。

A 太空漫步

太空漫步的运动原理由直线运动和旋转运动组成。

直线运动的动力源分为人力和机械两种。人力运动是通过人对脚踏施力，脚踏带动链轮，链轮通过链条带动安装在中间传动轴端部的链轮，链轮带动安装在同一根轴上的齿轮转动，齿轮与安装在底盘中心轴端头的齿轮啮合，中心轴下端安装着链轮，链轮通过链条带动安装在车身底盘后端的链轮运动，这个链轮与安装在传动轴上的齿轮副连接，从而带动行走轮沿轨道向前运动。机械运动是电动机带动安装在输出轴上的链轮运动，链轮通过链条带动安装在传动轴上的链轮运动，链轮带动传动轴运动，传动轴带动行走轮运动。

旋转运动是动力通过转向盘传给与转向盘连接的倾斜的旋转轴，倾斜的旋转轴通过联轴器传给垂直的旋转轴，垂直的旋转轴的下端安装有小齿轮，小齿轮与大齿轮啮合，而大齿轮又通过传动轴与链轮连接，链轮通过链条与带动安装在车身底盘中间固定的链轮连接，从而使车身上半部绕底盘中心旋转。

太空漫步由站台、控制柜、轨道、车辆四大部分组成。安全装置有安全压杠、把手、防撞自控系统、安全带、车辆前后缓冲装置、安全栅栏等。

B 爬山车

爬山车的运动原理是多辆车上都装有独立的驱动机构，减速电动机通过链条使外侧后轮转动。车辆行进时，车上前桥的驱动销轴带动隐藏在路轨下面的导向同步器一起行驶。轨道弯曲时，导向同步器沿着轨道偏转，通过前桥的转向销轴，偏转角度传递到前桥转向器，使车轮自动转向，从而实现自动驾驶。车辆间通过拉杆连成一列车，与火车相似，车与车之间保持相同的间距。

爬山车主要由车体、路轨、顶棚、电气控制系统等组成。安全装置有把手、安全带、车辆间2道保险钢丝绳、安全环链、安全栅栏等。

3.5.2.4 陀螺类

代码为6400，其运动特点为座舱绕可变倾角的轴做回转运动，主轴大都安装在可升降的大臂上。主要有急速风车、双人飞天、逍遥水母、迪斯科转盘等。

A 急速风车

极速风车的运动原理为立柱等整体由液压缸缓慢升起，到一定角度后，大臂做旋转运动；而座舱臂一方面绕自转中心做旋转运动，同时又在重力的作用下做无规则的自由翻滚运动。

急速风车主要由机座、立柱、大臂（含承重臂、旋转座、平衡臂）、6臂自转筒、连接筒、座舱臂、站台、液压系统、气动系统和电气控制系统等组成。

急速风车的安全装置主要有立柱的限位装置，大臂的定位装置，液压系统的油温报警和超压保护装置，防液压缸快速下降装置，座舱的安全压杠和安全带，座椅压杠锁紧装置，压杠锁紧系统的连锁控制系统、发电机等。

B 双人飞天

双人飞天的运动原理为设备起动后，液压泵向液压马达和液压缸供油。液压马达带动小齿轮运动，小齿轮与大齿轮啮合，带动整个转盘转动。在转盘转动的同时，液压缸顶升，使大臂前端抬起，整个转盘倾斜运转。

双人飞天主要由站台、转盘、升降装置、液压传动装置和控制系统等组成。

双人飞天的安全装置有安全带、安全挡杆、限位装置、座椅吊挂2次保险钢丝绳、锁紧装置。

3.5.2.5 飞行塔类

代码为6500，其运动特点为悬挂式吊舱且边升降边回转，吊舱用挠性件吊挂。主要有跳伞塔、摇头飞椅、观览塔、青蛙跳等。

如跳伞塔是乘客座舱（伞体吊篮）沿竖直方向做上下往复运动的设备。跳伞塔主要由支承结构、玻璃钢伞体吊篮、传动部件、制动系统和电气控制系统等组成。

3.5.2.6 转马类

代码为6600，其运动特点为座舱安装在回转盘或支承臂上，绕垂直轴或倾斜轴回转，或绕垂直轴转动的同时有小幅摆动。主要有转马、双层转马、转转杯等。

A 转马

起动后由电动机带动减速器的输入轴，减速器的输出轴则通过联轴器带动小齿轮转动，小齿轮通过啮合驱动安装在主轴上的大齿轮运动，使主轴通过桁架内外两侧的支柱带动整个转盘旋转。桁架旋转时安装在主轴顶部的大锥齿轮一起旋转，安装在桁架上的曲轴内侧端的小锥齿轮通过与大锥齿轮啮合，带动曲柄轴旋转，曲柄轴旋转时带动拉杆上下运动。因为拉杆下面固定着木马，所以木马就做上下运动；与此同时，木马下端的拉杆还通过套筒固定在转盘上，故木马又随同转盘一起做旋转运动。因此，木马的旋转运动和上下运动合成在一起就形成了木马跳跃式的运动形态。

转马主要由支柱、转盘、顶棚、木马、驱动机构、传动机构、操作控制台等组成。其安全装置主要有安全带、扶手等。

B 转转杯

转转杯的工作原理：电动机带动小齿轮旋转，小齿轮与大齿轮啮合带动大齿轮旋转，大齿轮通过回转支承与大转盘固定在一起，大转盘跟随大齿轮旋转而转动。小转盘的旋转工作原理与大转盘类似，另外小转盘的回转支承及减速电动机固定在大转盘的钢结构上，在实现自身旋转的同时随大转盘一起旋转。

转转杯一般由底部支承座、大转盘和支承架、小转盘和支承架、转杯、旋转动力系统、站台和控制室组成。

3.5.2.7 自控飞机类

代码为6700，其运动特点为乘人部分绕中心轴转动并做升降运动，乘人部分大都安装在回转臂上。主要有自控飞机、弹跳机、小蜜蜂等。

自控飞机工作原理：电动机带动小齿轮旋转，小齿轮带动中心回转支承旋转，安装在回转支承上的上框架随之旋转，摇摆臂及气缸构成的运动机构随着上框架一起旋转，而安装在摇摆臂末端的座舱的上升运动由气动系统提供的压力气体顶升，其下降靠自身重力，每个座舱内的上升及下降按钮可以控制每个摇摆臂下顶升气缸气路系统，乘客可以通过按压上升及下降按钮实现形似飞机的座舱做出升降动作，故名“自控飞机”。

自控飞机一般由底部组件、回转支承、驱动系统、气缸及摇摆臂、座舱、控制系统、气动系统、站台等组成。

3.5.2.8 赛车类

代码为6800，其运动特点为沿地面指定线路运行，主要有赛车。

赛车的运动形式为车体承载乘客，由乘客沿着赛道自己操作驾驶。赛车的安全装置一般有安全带、道路两侧的防撞缓冲拦挡物、驱动和传动部分及车轮的防护装置、车体四周的防撞缓冲装置、线路的安全警示标牌等。

3.5.2.9 小火车类

代码为6900，其运动特点为沿地面轨道运行。主要有小火车、恐龙危机等。

小火车的运动形式为传动装置在驱动装置的驱动下，带动车辆行走轮转动，从而驱动列车前行，小火车速度一般小于10km/h。

小火车安全装置主要有乘人部分的进出口拦挡物、安全把手、安全带、制动装置等。

3.5.2.10 碰碰车类

代码为6A00，其运动特点为用电力驱动，乘客自己操作，在固定的场地内进行碰撞。主要有有天网碰碰车、无天网碰碰车。

碰碰车按驱动形式分，可以分为上下电动机板直流馈电碰碰车、地板馈电碰碰车、蓄电池碰碰车三种。碰碰车的运动形式为开车和停车都由乘客自己控制，车体从地板或天网取电后，通过传动装置，乘客将脚踏开关踏下，操作转向盘控制车辆在固定的场地内行驶。碰碰车安全装置主要有安全带、短路保护装置、把手、车体缓冲轮胎等。

3.5.2.11 滑道类

代码为6B00，其运动特点为提升到一定高度后，滑道车沿着半圆形的滑道自由滑行，游乐者可以利用滑道车上的制动装置控制滑行的速度。主要有管轨式滑道、槽式滑道。

3.5.2.12 水上游乐设施

代码为6D00，其运动特点为借助水域、水流或其他载体，在特定水域运行或滑行，为达到娱乐目的而建造的游乐设施。主要有水滑梯系列、峡谷漂流系列、碰碰船系列，如水滑梯、峡谷漂流和游船等。

乘客乘坐水滑梯时一般需要先经楼梯到达十几米高的出发平台，然后借助滑梯内水流作用力和乘客自身的重力滑行。水滑梯系统由支承结构（支承立柱、支臂、托盘)、出发平台、玻璃钢构件、供水系统、落水池（截留区)、运载工具等组成。

3.5.2.13 无动力设施

代码为6E00，主要有蹦极系列、滑索系列、空中飞人系列、系留式观光气球系列。

3.6 机电类特种设备安全装置

3.6.1 起重机械安全装置

为了进一步保护起重机械设备和防止发生人身事故，在起重机的有关部件上，安装了一些安全装置，目前所用的安全装置主要有各类限位器、起重量限制器、偏斜调整和显示装置、缓冲器、防风防爬装置等。

3.6.1.1 限位器

A 起升高度限位器

起升高度限位器用来限制起升高度，当起升到上极限位置时，限位器发生作用，使起升重物停止上升，以防发生起重物继续上升、钢丝绳被拉断、重物下坠的事故。再去操纵手柄则只能得到起升重物下降的动作。

起升高度限位器主要有重锤式和螺杆式两种。重锤式起升高度限位器由限位开关和重锤所组成，使用方便。但因钢丝绳在重锤中穿过，因而作业时，钢丝绳常与重锤摩擦，有时会磨断钢丝绳。螺杆式起升高度限位器准确可靠，质量也较轻。不但可以限制起升高度，还可以限制下降深度。

B 行程限位器

行程限位器实际上由顶杆和限位开关组成。当行程到达极限位置后，顶杆触动限位开关的转动柄，它的转动可切断电源，使机构停止工作。起重机的大、小车为了控制行程的范围都装有行程开关。

3.6.1.2 偏斜调整和显示装置

门式起重机、装卸桥的运行机构工作时，桥架两端支腿的运行速度常常不同步，导致一端支腿超前，另一端支腿滞后，起重机偏斜的情况。会造成起重机金属结构损伤或损坏，并使起重机啃道；严重时，还会损伤运行机构，构成工作事故隐患。跨度大的起重机因刚度较小，较易发生起重机走行偏斜。为此，跨度等于或超过40m的装卸桥和门式起重机，应装或宜装偏斜调整和显示装置，常见型式有三种：

（1）凸轮式偏斜调整装置。

（2）链轮式偏斜调整装置。

（3）钢丝绳式偏斜调整装置。

3.6.1.3 缓冲器

当起重机运行到终端，一旦发生与设在终端的挡板相撞时，可依靠缓冲器吸收碰撞的能量。我们要求缓冲器的外形尺寸尽量小一些，而所能吸收的能量尽可能大一些，碰撞后的反坐力也应小些，这样就可以保证起重机能平稳地停车。

缓冲器的种类很多，在起重机上常采用橡胶缓冲器、弹簧缓冲器和液压缓冲器。

A 橡胶缓冲器

橡胶缓冲器的结构简单，但它所能吸收的能量比较小，最大也不过215kg·m。因此，只用在起重机运行速度不超过每分钟50m的场合，主要起阻挡作用。

B 弹簧缓冲器

弹簧缓冲器的结构也比较简单，使用可靠，维修方便。当起重机撞到弹簧缓冲器时，其能量主要转变为弹簧的压缩能，因而具有较大的反弹力。

C 液压缓冲器

液压缓冲器能吸收较大的撞击能量，其行程可做得短些，尺寸也较小。液压缓冲器最大的优点是没有反弹作用，故工作平稳可靠。液压缓冲器的构造比较复杂，对液压缸筒和活塞的制造精度要求较高，以免液体渗漏。此外，所用的缓冲液必须很好地滤过，绝不允许有杂质存在，否则将在工作时磨坏活塞或液压缸筒，给维修工作带来困难。

3.6.1.4 防风防爬装置

起重机防风防爬装置主要有三类，即锚定装置、防风铁鞋和夹轨器。

A 锚定装置

防风锚定装置主要有链条式和插销（板）式两种。这种防风装置，一般是在起重机作业后和在天气预报有暴风之前，将起重机锚固起来，因而比较安全可靠，但不能解决紧急情况下的防风问题。

B　防风铁鞋

防风铁鞋作为一种防风装置可抵抗 9~10 级的大风，在内陆地区使用比较合适。按控制方式，铁鞋可分为手动控制和电动控制两种，比较简单的方法是将铁鞋直接放在车轨下面。

C　夹轨器

夹轨器在防风装置中应用最广泛，可用于各种类型起重机。它的工作原理是通过钳口夹住轨道，使起重机不能滑移，从而达到防风目的。夹轨器的钳口多用中碳钢和高碳钢制成，热处理硬度 HB>350。为了增加摩擦系数，钳口制成齿状。

3.6.1.5　防后倾装置

用柔性钢丝绳牵引吊臂进行变幅的起重机，当遇到突然卸载等情况时，会产生使吊臂后倾的力，从而造成吊臂超过最小幅度，发生吊臂后倾的事故。因此，流动式起重机和动臂式塔式起重机上应安装防后倾装置。

防后倾装置大多由两部分组成。首先，通过安装在吊臂下铰点附近的变幅限位开关限制变幅位置，有时吊臂通过一个连杆机构带动幅度指示器，并在幅度盘上设置限位开关，进行限位，然后，通过一个机械装置对吊臂进行止挡。保险绳和保险杆是两种常用的防后倾装置。保险绳一端固定在转台上，另一端固定在吊臂上，通过钢丝绳的长度，限定吊臂的倾角。这种防后倾装置的缺点是不能起到缓冲和减振作用，冲击、振动较大。为减缓振动和冲击，常采用保险杆。保险杆的工作原理是将保险杆的上端铰接在吊臂上，下端铰接于转台上；保险杆是一个套筒伸缩机构，随吊臂的倾俯而伸缩；在套筒中安装有缓冲弹簧，对吊臂有缓冲、减振和限位作用。保险杆也有采用液压或油气结合方式的，这种方式的减振、缓冲性能比弹簧要好。

3.6.1.6　回转锁定装置

回转锁定装置是指臂架起重机处于运输、行驶或非工作状态时锁住回转部分，使之不能转动的装置。

回转锁定器常见型式，有机械锁定器和液压锁定器两种。机械式锁定器其结构比较简单，通常是用锁销插入方法、压板顶压方法或螺栓锁定方式等。液压式锁定器通常用双作用活塞式油缸对转台进行锁定。

3.6.1.7　超载保护装置

起重量限制器和起重力矩限制器统称为超载保护装置。超载保护装置按其功能的不同，可分为自动停止型和综合型两种；按结构型式分，有电气型和机械型两种。

A 起重量限制器

起重量限制器主要用来防止起重量超过起重机的负载能力，以免钢丝绳断裂和起重设备损坏。

起重量限制器的型式较多。常用的有杠杆式起重量限制器、弹簧式起重量限制器和数字载荷控制仪。电子技术的发展，使起重机的安全装置逐步现代化。数字载荷控制仪主要用于起重设备的超载保护。它可以根据事先调节好的起重量来报警，一般把它调节为额定起重量的90%。而把自动切断电源的起重量调节为110%额定起重量。数字载荷控制仪通用性较好、精度高，结构紧凑，工作稳定。

B 起重力矩限制器

在动臂式起重机中，有一个重要的参数是起重机的工作幅度。起重量对起重机的动臂销轴中心来说，还有一个起重力矩。如果起重量不变，当工作幅度越大时，起重力矩就越大。如果起重力矩不变，那么，当工作幅度减小时起重量就可以增加。我们在起重机设计时求得一条起重质量与工作幅度之间的关系曲线，即起重机特性曲线，并以此为依据来设计起重力矩限制器。常用的起重力矩限制器有机械式起重力矩限制器和电子式起重力矩限制器。

3.6.1.8 防冲撞装置

随着工业的发展，需要使用起重机的工作越来越多，因而常常在一条轨道上安置几台起重机同时工作。为了防止起重机在轨道上运行时碰撞邻近的起重机，可在起重机上安装防止冲撞的装置。当起重机运行到危险距离范围时，防冲撞装置便发出警报进而切断电路，使起重机停止运行，避免起重机之间的相互碰撞。常利用超声波、电磁波、光波的反射作用来制造防止冲撞的装置。

A 光线式防碰装置

典型的光线式防碰装置，由发射器、接收器、控制器和反射板组成，利用光波的直线传播和反射性能检测距离。光线式产品方向性好，检测精度高，不受烟、尘、蒸汽、外来光和外磁场影响。反射板可用铝板或不锈钢板，也有用特殊玻璃微珠制成的反射板。当温度较高时，激光管阀值电流上升，功率下降，检测距离下降。因此，在45℃以上的环境条件下使用时，必须进行特殊设计。

B 超声波防碰装置

超声波防碰装置的工作原理是超声测距原理，有声呐式和回鸣式两种。

3.6.1.9 危险电压报警器

臂架型起重机在输电线附近作业时，由于操作不当，臂架、钢丝绳等过于接近甚至碰触电线都会造成感电或触电事故。为了防止这类事故发生，安置危险电压报警器是十分有用的。

该报警器输电线路为三相交流电，各相间相位差为120°。空间电场分布是交变电场，从理论上讲，距各相线距离相等的点的电位应为零。但实际线路布设，不存在电位为零的点，根据电场分布特性，只要检测出电位的绝对值和电位梯度，与预先设置的基准电压比较，就可以判断臂架距电线的距离，及时发出警报。

3.6.1.10 其他安全装置

A 驾驶室和平台的设施

起重机的驾驶室应用角铁、钢板等不可燃的材料制成，牢固地连接在起重机上，不得晃动。其高度应不低于2m，周围下部还应有高度不小于1050mm的栏杆。司机室外面有走台时，门应向外开；司机室外面没有走台时，门应向内开，但都可采用滑动式拉门。地板上应有绝缘橡胶铺盖，驾驶室视野要宽广，室内应备有二氧化碳灭火器材。驾驶室面积除容纳应有的操作人员外，还应留有检修人员二人的工作面积。配电板与司机操作之间的距离不应小于0.6m，桥式起重机驾驶室边墙板与吊钩中心的距离不应小于1.1m。

在工作场所的空气中如有蒸汽、有害气体粉尘时，驾驶室应是封闭的装有玻璃的，同时应有通风装置，如温度太高的驾驶室，还应考虑采用防暑降温措施。

有驾驶室的行车，应设置供驾驶员进出的、装有不低于1050mm栏杆的脚踏平台，它的地板面应和驾驶室的地板平齐，二者的间隙应为60~100mm。

B 走道

桥式起重机沿大梁两侧应设置走道，走道靠起重机运行一侧应设牢固的栏杆，栏杆高度应为1050mm，栏杆与房柱之间的距离应大于0.5m，当房柱与起重机端梁之间的距离小于0.5m时，应禁止通行。为了防止司机、检修人员在起重机端梁上下发生挤伤事故，在端梁的上车地点应安装断电装置和联系信号，当人员上下时，应先用信号通知正在操作的司机停车，然后切断电源，迫使停电，使人员能安全上下。

C 扶梯

扶梯宽度应不小于600mm，各级之间的距离应小于300mm，倾斜的扶梯应装设栏杆。对于垂直或倾斜角超过75°的扶梯，当其高度超过5m时，自2m高度处应装置弧形的安全圈，各圈的间距不应超过500mm，应用5根均匀分布的纵向连杆连接。由扶梯到弧形圈顶部的距离不小于700mm，也不应大于800mm。

D 危险牌显示

每台起重机，都需要有明显的标牌，标明最大起重量，一般常挂在大车梁架上，如厂房太高太大，挂在大车上看不清楚，不明显时，可标在吊钩的滑轮罩上，有时为了提醒人们的注意，在起重机上可悬挂“有电”“有人工作，请勿合闸”“吊车已坏，不可使用”等危险警告牌。

对牌的要求是：语气肯定，字迹明显，挂在醒目易见的地方。

E 安全接地装置

为了防止因电气设备损坏，使起重机金属结构带电而发生触电事故，电器设备的金属外壳和起重机金属结构上，应有安全接地或接零装置，并应连接牢固可靠。

F 安全电压

为了防止发生触电事故，地面操作开关和行灯应用36V以下安全电压和装有备用行灯、电钻等手持式电动工具的单相三眼、三相四眼插座。

G 安全防雷装置

露天起重机如果不属附近防雷设备的保护范围者，应装防雷安全装置，预防因雷击而发生的事故。其避雷针的保护范围，一般保护角度不大于45°，其接地电阻一般不大于4Ω。

3.6.2 电梯安全装置

3.6.2.1 超载限制器

超载限制器是控制电梯在额定载荷下运行的安全装置。装置利用称重原理测定轿厢内载荷，当载荷在额定载荷以下时，电梯正常工作；当载荷超过额定值时，发出警报，切断电梯控制回路，使电梯停止工作，从而防止电梯超载。

3.6.2.2 限速器及安全钳的联动

限速器是电梯安全运行中最为重要的安全装置之一，随时监测控制着电梯的运行速度，当出现超速情况时，能及时发出信号，继而产生机械动作，切断控制着电路，同时，驱动安全钳（夹绳器）将轿厢强制制停或减速，限速器是指令发出者并非执行者。限速器与安全钳联动原理如图 3-23 所示。

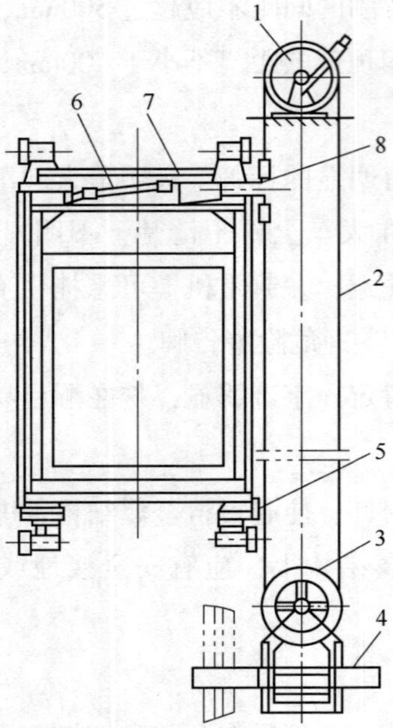

图 3-23　限速器与安全钳联动原理示意图

1—限速器；2—限速器绳；3—张紧轮；4—限速器断绳开关；5—安全钳；6—连杆系统；7—安全钳动作开关；8—限速器绳头

控制轿厢超速的限速器触发速度和相关要求，在《电梯制造与安装安全规范》（GB 7588—2003）中有明确的规定：即该速度至少等于电梯额定速度的 115%；限速器动作时，限速器绳的张力不得小于安全钳起作用所需用力的两倍或 300N；限速器绳的最小破断载荷与限速器动作时产生的限速器绳张力安全系数应大于 8，限速器绳公称直径不应小于 6mm；限速器绳必须配有张紧装置，且在张紧轮上装设导向装置。

限速器的运行条件有：

（1）操纵轿厢安全钳装置的限速器动作速度。操纵轿厢安全钳装置的限速器的动作应发生速度至少等于额定速度的 115%时，但应小于下列各值。

1）对于除了不可脱落滚柱式以外的瞬时式安全钳装置为 0. 8m/s。

2）对于不可脱落滚柱式安全钳装置为 1m/s。

3）对于额定速度小于或等于 1m/s 的渐进式安全钳装置为 1.5m/s。

4）对于额定速度大于 1m/s 的渐进式安全钳装置为 1.25V±0.25V(m/s)。

（2）动作速度的选择。对于额定速度大于 1m/s 的电梯，建议选用上述示出的上限值的动作速度。对于额定载重量大，额定速度低的电梯，应专门为此设计限速器，并建议选用上述示出的下限值的动作速度。

（3）对重安全钳装置的限速器动作速度。对重安全钳装置的限速器的动作速度应大于轿厢安全钳装置的限速器动作速度，但不得超过 10%。

（4）限速器绳的张紧力。为了防止限速器绳在轮槽内打滑，使限速器能始终反映出电梯运行时的真实速度，并确保安全钳作用时动作可靠，限速器必须被张紧。限速器动作时，限速绳的张紧力不得小于两个值的较大者：300N；安全钳装置起作用时所需力的 2 倍。

（5）限速器的方向标记。限速器上应标明与安全钳装置动作相应的旋转方向。

（6）限速绳。限速绳应选用柔性良好的钢丝绳，在安全钳装置作用期间，即使制动距离大于正常值时，限速绳及其附件也应保持完整无损。限速绳的安全系数应不小于 8，公称直径应不小于 6mm，限速器绳轮的节圆直径与绳的公称直径之比应不小于 30。

限速器绳由安装于底坑的张紧装置予以张紧，张紧装置的质量应使正常运行时的钢丝绳在限速器绳轮的槽内不打滑，且悬挂的限速器绳不摆动。张紧装置应有上下活动的导向装置。限速器绳轮和张紧轮的节圆直径应不小于所用限速器直径的 30 倍。为了防止限速器绳断裂或过度松弛而使张紧装置丧失作用，在张紧装置上应有电气安全触电，当发生上述情况时能切断安全电路使电梯停止运行。

（7）限速器的响应时间。限速器动作前的响应时间应足够短，不允许在安全钳装置动作前达到危险速度。

（8）限速器可接近性。限速器在任何情况下，都应是完全可接近的。若限速器装于井道内，则应能从井道外面接近它。

（9）限速器动作速度的封定。限速器的动作速度整定后，其调节部位应加封记。

3.6.2.3 轿厢上行保护装置

曳引驱动电梯上应装设符合要求的轿厢上行超速装置，这种装置应作用于电梯的轿厢、对重、钢丝绳、曳引轮中的一种或几种起作用。新标准还把该装置列为安全部件，应进行型式试验。

轿厢上行保护装置是防止轿厢冲顶的安全保护措施，是对电梯安全保护系统的进一步完善，因为轿厢上行冲顶的危险是存在的。在对重侧重于轿厢的状态下，造成轿厢冲顶的原因有以下几种：

（1）制动器电磁铁及其机构卡阻、造成制动器失灵，抱闸失效或制动力严重不足。

（2）曳引机蜗轮、蜗杆的齿轮、轴、键等发生折断，造成曳引轮与制动器脱开。

（3）曳引轮绳槽磨损严重，造成曳引绳在曳引轮上作用。

3.6.2.4 层门安全保护装置

电梯每个门上都应装设层门锁闭装置（钩子锁）、证实层门闭合的电气装置（电联锁开关）、被动门关闭位置证实电气开关（副门锁开关）、紧急开锁装置和层门自动关闭装置（强迫关门）等五种。

3.6.2.5 验证轿门闭合装置

验证轿门闭合装置的作用是：当轿厢门关闭到位后，电梯才能正常启动运行；当运动中的轿厢门离开闭合位置时，轿厢立即停止运行或不能起动。有些客梯轿厢在开门区内平层和再平层时允许轿门开着走车平层。这一安全装置也是非常重要的。如果缺少这一装置或装置失效，电梯会在轿门开启的状态下运行，就有可能使轿厢中的乘客与井道或层门发生碰撞，造成人身伤害。所以，不论何种类别和型号的电梯都必须有这一装置。

3.6.2.6 安全电路、安全触点、安全电压

A 安全电路

为防止电梯出现不安全状态后发生事故，电气安全装置中应采用安全触点及安全电路，其功能是当电梯出现不安全状态时，可以防止未运行的电梯起动，也可以使正在运行的电梯立即停止运行并制动。当不安全状态被排除后，电气安全装置恢复安全状态，电梯可投入运行。

安全电路可以由安全开关、安全触点、安全继电器组成，也可由非安全触点与安全继电器组成。采用安全触点、安全开关、安全继电器组成的安全电路简单、实用、安全、可靠。采用非安全触点组成的安全电路则必须对非安全触点的

安全可靠性在电气电路中予以验证，这种组合电路使用电器件较多，控制环节多，故障点自然也增多。

电气安全回路的定义是：串联所有电气安全装置的回路。在用电梯中有在层门联锁中并联应急按钮等电器元件，这不符合安全要求，会造成开门走车引发事故。

B　安全触点

电梯电气安全装置中，所使用的安全开关均应是安全触点传送电气信号，如层门联锁触点、安全钳保护开关、限速器超速保护开关、张紧绳保护开关。轿顶和轿底停止开关等。安全触点是安全电路的基本元件之一。

安全触点的静触点始终保持静止状态，动触点由驱动元件推动，当动、静触点在接触的初始状态时，两触点间产生一个初始压力，随着驱动元件的推进，动、静触点间产生一个最终压力，使触点有良好的接触，直至推动到位终止，触点在受压状态下工作。

安全触点动作时，两点断路的桥式触点，有一定行程余量断开时触点应能可靠地断开，即当所有触点的断开元件处于断开位置时，且在有效行程内，动触点和施加驱动力的驱动机构之间无弹性元件（例如弹簧）施加作用力，即为触点获得了可靠的断开。驱动机构动作时，必须通过刚性元件迫使触点断开，断开后触点间距应不小于 4mm，对于多分断点安全触点其间距不得小于 2mm。除上述外，安全触点还应具备符合要求的绝缘性能、电气间隙等。电气安全系统是静态的，只在出现危险状态时才动作，所以安全触点工作时都处于常闭状态，当受外力作用时，触点应可靠断开，也有人将安全触点称之为强制断开触点。

C　安全电压

安全电压是指人体与电接触时，对人体皮肤、呼吸器官、神经系统、心脏等各部位组织不会造成任何损害的电压。安全电压值的规定，世界各国有所不同，瑞典和法国为 24V，美国为 40V，瑞士和波兰为 50V。在我国，电梯属于有高度触电危险的位于建筑物场所的设备，其安全电压值为 36V，绝对安全电压值为 12V。

3.6.2.7　电动机短路保护装置

我国在用电梯采用的短路保护有熔断器和自动断路器两种。

A　熔断器短路保护

曳引电动机和电路的短路保护是由熔断器来完成的。熔断器利用低熔点、高电阻金属不能承载过大电流的特点，对电气设备起保护作用。

B 自动断路器短路保护

自动断路器中有一过电流线圈，该线圈和负荷电路相串联。正常运行时，过电流线圈的磁力不能使铁心吸合，而当短路电流达到一定值时，过电流线圈立即吸引铁心，铁心带动自动断路器内的传动机构，使触点分断，从而起到保护作用。

3.6.2.8 电动机过载保护装置

电梯使用的电动机容量比较大，几千瓦至十几千瓦或更大。为防止电动机过载烧毁绕组而设置过载保护装置。我国在用电梯电动机过载保护装置有自动断路器、热继电器、热敏电阻和限时运行等四种形式。

A 自动断路器过载保护

电梯供电电路中装有可切断电源的主开关，该开关常采用自动断路器，其也称为空气开关，该开关既有短路保护功能，还有过载保护功能。自动断路器内的过电流脱扣器多采用热双金属片和电磁脱扣器串联，当电路过载时，双金属片弯曲将搭钩顶开，使主触头分断，从而起到保护作用。自动断路器在过载时的分断和短路时的分断，其传动机构是同一个，只是过载时由双金属片受热变形后产生的一个力使自动断路器的脱扣传动机构动作，将触点分断。国标规定：自动断路器过载保护应是手动复位式的。

B 热继电器过载保护装置

在用电梯电路中常采用双金属片式热继电器，适用于交流电压不大于500V、电流不大于160A的长期工作或间断长期工作的一般交流电动机过载保护，还具有断相保护功能。

在交流双速电梯中，电动机快速绕组和慢速绕组电路中分别装有热继电器。当电动机过载超过整定值一定时间，双金属片动作，其触点断开，切断安全电路，从而达到过载保护的目的。热继电器有两相和三相两种。

C 热敏电阻过载保护

有的电梯曳引电动机采用由热敏电阻和半导体温度继电器组成的控制电路做过载保护。热敏电阻一般置于电动机定子绕组中，当电动机过载发热，热敏电阻阻值发生变化，致使继电器动作而切断控制电路，达到过载保护的目的。

D 限时运行保护

为防止电动机过载烧毁电动机绕组，在电动机低速运行状态时设置限时运行，这种保护措施在新老电梯中都有采用，限时运行可分为人工限时和自动限时两种。

3.6.2.9 断相、错相保护

《电梯技术条件》（GB/T 10058—1997）中规定："各类电梯应具备供电系统断相、错相保护装置或保护功能。"断相保护是为防止曳引电动机单相或低电压运行而被烧毁，错相保护是针对交流双速、交流调速电梯因电源相序的改变会造成电梯轿厢冲顶或蹲底而言。对于变频调速电梯改变电源相序不影响上下运行方向，因为电源经转换器后已变成直流电，电动机旋转方向的改变是依靠电脑改变逆变器的触发角而改变相序来实现，交流供电系统的相序改变不会影响电梯运行方向。

3.6.2.10 电气设备的接地保护

我国低压供电系统一般都采用中性点直接接地的三相四线制即 TN-C-S 系统和三相五线制即 TN-S 系统方式供电。从安全防护方面考虑，电梯电气设备采用接零保护。在中性点接地系统中，当一相接地时，接地电流成为很大的单相短路电流，保护设备能准确而迅速地动作来切断电源，从而保障人身和设备安全。接零保护的同时，零线还要在规定的地点采取重复接地。重复接地是将零线的一点或多点通过接地体与大地再次连接。当发生接地短路时，能降低零线的对地电压；当零线发生断路时，能使故障程度减轻。

在电梯安全供电方面目前还存在一些不可忽视的问题，比如在引入电源为三相四线制供电系统时，到电梯机房后，将工作零线与保护零线混合使用。有的用敷设的金属管（槽）外皮作工作零线使用，有的将保护零线经电气设备外壳互相串接后再接地，也是十分危险的，容易造成触电或损坏电气设备。保护零线应从总电源处 PE 线上分别接到电气设备金属外壳。

有条件的地方，最好采用三相五线制的 TN-S 系统，将保护零线直接从配电室引入电梯机房。该系统中工作零线 N 和保护零线 PE 是分开设置的，工作零线提供单相用电设备的电流回路，保护零线是用电设备的安全保护回路。如果采用三相四线制供电的接零保护 TN-C-S 系统，严禁电梯设备单独接地。引入机房的 PEN 线除应承受工作电流和短路电流外，还应具备足够的机械强度，防止其断线造成危害。该线应采用多股铜绞线，其导线截面积单台电梯不小于 $6mm^2$，两台及以上不小于 $10mm^2$，生产厂家有要求的应满足。电梯电源进入机房以后，"零线和地线应始终分开"，该分离点的接地电阻值不应大于 4Ω。

电梯电气设备如曳引电动机、控制柜、接线盒、布线钢管、布线槽、自动门电动机的金属外壳以及轿厢、层门的金属部分等均应进行保护接零。对于钢导管跨接地线连接方法。非镀锌钢导管用螺纹连接时跨接地线可以用熔焊；在施工中也有采用传统的锡焊接。对于镀锌钢导管或可挠金属电线保护管的跨接地线应采用专用接地线卡跨接（跨接线应为软铜线且不小于 $4mm^2$）。接使用独芯绝缘铜线时，其截面积不小于 $2.5mm^2$，使用裸体铜导线时其截面不小于 $4mm^2$，这是为了保证跨接线有一定的机械强度。当采用随行电缆芯线作保护零线时，导线应并联使用不得少于 2 根。

在用电梯中电气设备的保护接零，还存在跨接线连接方法不正确、使用非黄绿双色线代替专用线以及线径不合要求等问题。电梯采用 TN-C-S 系统供电时，零线上不准装设熔丝，以防人身和设备的安全受到损害。对于备用电设备的接地电阻应不大于 4Ω。电梯生产厂家有特殊抗干扰要求的，按照厂家要求安装但不得违反国家标准。对接地电阻应定期检测，动力电路和安全装置电路接地电阻不得少于 0.5MΩ，照明、信号等其他电路的接地电阻不小于 0.25MΩ。

3.6.2.11 检修运行与轿顶优先

为便于检修和维护，应在轿顶装一个易于接近的控制装置。目前国内外生产的电梯不仅在轿顶设有检修运行装置，在轿厢操作盘内和机房控制柜上有的也设有检修运行装置。

A 检修运行应满足如下条件

（1）轿厢运行速度不应超过 0.63m/s，且只能点动运行。

（2）检修运行时应切断正常运行电路、外呼电路及层显电路。

（3）电梯运行（检修运行）应依靠安全装置，即安全电路均处于正常状态，尤其是电梯各层门、轿门必须全部关闭到位，否则不能运行。

（4）检修运行时，曳引电动机易发热，长时间慢速运行易损坏电动机绕组。电梯生产厂家对检修运行时间有的规定为连续检修运行时间不应超过 30s。也有的生产厂家把检修运行保护设置在电路内，对电动机进行保护。

（5）检修运行必须保证轿顶优先。

B 轿顶优先

轿顶应装设一个检修运行装置，如轿内、机房也设有检修运行装置，应确保轿顶优先。当轿顶检修开关处于检修位置时，或者轿厢内和机房检修开关与轿顶检修开关同时处于检修位置时，只有轿顶慢上、慢下按钮起作用，而轿厢内和机房慢速按钮均不起作用。当轿顶检修开关处于正常位置时，机房和轿厢内慢速按钮才起作用。这一规定是为了确保轿顶检修操作人员的安全，实践证明，由于轿顶不优先，曾发生过人身伤害事故。

C 轿顶检修运行装置的安全技术

轿顶检修运行装置俗称轿顶操作盒，盒上装有检修运行开关、上下行按钮和能切断主电路控制电路的停止开关以及电源插座、照明灯。生产厂家把这几个电气部件组装在一个操作盒上以方便使用。对于各个电气元器件都有安全技术要求。

3.6.2.12 可切断电源的主开关和停止开关

A 可切断电源的主开关

在机房中，每台电梯都应单独装设一只能切断该电梯所有供电电路的主开关。该开关应具有切断电梯正常使用情况下最大电流的能力。该开关不应切断下列供电电路：

(1) 轿厢照明或通风。

(2) 轿顶电源插座。

(3) 机房和滑轮间照明。

(4) 机房和滑轮间和底坑电源插座。

(5) 电梯井道照明。

(6) 报警装置。

该开关位置应能从机房入口处方便迅速地接近，如几台电梯共用同一机房，各台电梯主电源开关应易于识别。易于识别的方法是将设备与相应开关在明显的位置进行编号，以防止停送电时错误操作。

B 电梯停止装置

在轿厢以外的轿顶、底坑、滑轮间等处应设置电梯停止开关。该开关应能使电梯停止并保持停止状态，开关应是双稳态非自动复位且带自锁功能的，以保障无意动作不能使电梯恢复运行。设置该开关是为保障检修人员操作时的安全，在需要时操作此开关使电梯处于停止状态以便维修，它不是专为发生紧急情况时操作的开关，但在必要时可以使用。对于有对接运行的电梯还有其他要求。电梯停止开关，不论装设在何处，都应当是红色的非自动复位式的安全开关，其旁还应标有“停止”字样。

3.6.2.13 紧急报警、应急照明、井道照明

A 紧急报警装置

为使乘客能向轿厢外求援，轿厢内应装设乘客易于识别和触及的报警装置。报警开关按钮应是黄色，并标以钟形符号加以识别。该装置应采用警铃、对讲系统、电话或类似形式的装置。该发声装置可装在值班室或安全保卫部门。如果采用电话应为内部电话。电梯行程超过30m的，轿厢和机房之间应设对讲系统或类似装置。报警装置的电源应是自动再充电式的，即当电梯照明电源停电时，报警装置仍应起作用。电话是较理想的报警装置。如果电梯设有远程监控系统或停电自动疏散装置，可不设紧急报警装置。

B 应急照明

要有自动再充电的紧急照明电源，在正常照明电源被中断的情况下，它能至少供1W灯泡用电1h。在正常照明电源一旦发生故障的情况下，应自动接通紧急照明电源。有些老电梯无此装置。为满足国标要求只增装了蓄电池式可充电电源与灯泡连为一体的应急照明灯。平时蓄电池为220V交流供电，一旦220V电源被切断，蓄电池即供给应急灯泡电源，使其燃亮。因蓄电池寿命有限，应注意维护和定期检验和更换，以确保应急之用。有的电梯使用单位把轿厢应急照明与楼内装设的专用紧急照明电源相连接并能自动投入，这同样满足国标要求。近几年生产的电梯都按国标要求设置了应急照明装置。

C 井道照明

封闭式井道应设置永久性的电气照明，在维护修理期间，即使门全部关上，井道亦能被照亮。并对灯位设置作了具体规定；井道最高和最低点0.5m以内，各装设一盏灯。中间每隔7m（最大值）设一盏灯。

距井道最高和最低点0.5m以内，各装设一盏灯，是为了当轿厢运行至最低层或最高层，即使蹲底或冲顶，轿厢上空间和轿厢下空间也能有一定的照度。而中间设灯，则是为了在层门全部关闭状态下，能保证井道内有足够的照度，便于检修和操作人员工作。这里所说的永久性照明不是长明灯，而是与临时照明相对而言，即非临时性的而是正式照明。

3.6.2.14 缓冲器

当电梯轿厢向下运行时，由于各种原因，例如：

（1）下部限位开关、越程开关不起作用。

（2）断绳，超载，轿厢下滑，安全钳限速器不动作。

（3）曳引轮和钢丝绳打滑。

（4）轿厢超载制动器失效，没有制动力矩，轿厢向底坑掉落坑底。

这时，设置在轿厢下方底坑中的缓冲器，可以减缓轿厢与底坑间的冲击，使轿厢停下来。当轿厢运行在井道上部时，如果顶部极限开关不起作用，处于冲顶状态时，对重跌落到它的正下方的缓冲器上，可以减缓冲击作用和避免轿厢冲顶。

3.6.2.15　层门紧闭开锁装置

每个层门均应能从外面借助一个开锁三角孔相配的钥匙开启之。

3.6.2.16　层门自动关闭安全装置

在轿门驱动层门的情况下，当轿厢在开锁区域以外时，无论层门因为何种原因而开启，都应有一种装置（重块或弹簧）能确保该层门的自动关闭。即凡是装有自动门装置的电梯，都应装设层门自动关闭安全装置。当轿厢不在该层时，如果用紧急开锁钥匙或在井道内人为将该层门打开，层门应能迅速自动关闭，以防止坠落事故的发生。

3.6.2.17　对重和井道护栅

电梯护栅有对重护栅和井道与电梯之间的护栅。为防止人员进入底坑对重下侧而发生危险，在底坑对重的两条轨道处应设置防护栅。在通井道的下部，不同电梯运动部件之间应设置隔障。

3.6.3　场（厂）内专用机动车辆的安全装置

车辆的安全问题是所有车辆生产与使用部门都十分重视的问题。因此对车辆的安全部件要进行经常性检查，尽可能把不安全因素消灭在萌芽状态。场（厂）内专用机动车辆的安全部件根据其用途与系统构成，主要包括行驶过程中的转向器、制动器、轮胎，液压系统中的安全阀、高压油管和起升系统中的货叉、链条等。

3.6.3.1　转向器

转向器的种类很多，从操纵方式上分为机械转向器和动力转向器。

机械转向器的功用是增力和传递运动。增力是指将驾驶员作用在转向盘上的力矩予以放大，传递运动是指把转向盘的运动转换为转向垂臂的前后摆动。为了保证车辆转向的安全可靠，不仅要求转向装置零部件有足够的强度、刚度和可靠的寿命，而且转向器应有一定的灵活度和对路面的感应性。因此要求机械转向器具有高的正向传动效率和逆向效率，不仅减轻了驾驶员的劳动强度，且提高了叉车行驶的安全性。

动力转向的转向器当失去动力情况下，即在转向器无压力供油工况时，应仍能保证人力实现转向功能。另外，当转向系统发生供能故障，车辆应仍能保持其当前行驶方向，直至被控制后停车。

3.6.3.2 制动器

制动器作为所有机动车辆必备的行驶安全部件，不管结构如何，都必须具备满足要求的制动性能。在 GB 10827-1—2014 中，规定所有工业车辆都应有行车制动器和停车制动器。制动器应符合 GB/T 18849 的规定。停车制动器应配有防止意外释放的装置。停车制动力应通过机械装置产生。在 GB 10827-1—2014 中，规定了行车制动器的功能发生故障时，不应导致整个制动失效，而应能控制停车。另外，还规定站驾式和步驾式车辆应带有 1 个制动装置，装置应自动闭合直到其被操作者释放。该装置可作为车辆的行车制动器和停车制动器。

3.6.3.3 轮胎

车轮是车辆的重要部件，车轮的滚动可实现车辆的运行。而车轮的重要组件是轮胎，轮胎不仅承受整车的垂直载荷，并且承受路面的切向力（牵引力和制动力）和侧向力，从而保证车辆的牵引、制动和转向。为了保证车辆的平稳运行，轮胎还要能吸收车辆的振动和冲击。

叉车等场（厂）内专用机动车辆由于速度低、载重大，要求轮胎具有强度高、承载能力大、耐磨、弹性好，并与路面有良好的黏着性能等特点。一般常用的轮胎有充气轮胎、实芯轮胎、高弹性实芯轮胎三种。

充气轮胎是目前各类车辆使用最广泛的轮胎，能缓和与吸收不平路面所产生的振动和冲击，其中振动和冲击能量的大部分由轮胎内的压缩空气所吸收，少部分由轮胎的帘布层吸收。

3.6.3.4 高压油管

叉车等场（厂）内专用机动车辆的液压系统一般都使用中高压供油，高压胶管的可靠性不仅关系车辆的正常工作与效率，而且一旦发生破裂将会危及人身安全。高压胶管的重要性能参数是它的允许工作压力，任何液压系统中的油路最大压力不得超过这一许可值。高压胶管作为液压元件必须符合《液压元件通用技术条件》等有关国家标准，同时针对不同的使用情况，还必须满足相应的要求，并通过相关的试验检测。

3.6.3.5 货叉

货叉是叉车的基本取物装置，用得最为广泛。设计完成后的货叉尺寸应符合《叉车货叉尺寸》（GB/T 5183）和《叉车挂钩型货叉和货叉架安装尺寸》（GB/T 5184）的有关规定。货叉应在其指定位置打上永久标记，标记出货叉的起重量 Q 和设计载荷中心距 C。货叉载荷试验时，应使试验载荷作用在设计的载荷中心距 C 处，且试验载荷 Q，应相当于货叉制造厂规定的设计起重量 Q 的 3 倍。试验过程中还应当检查挂钩的变形及挂钩焊缝是否有开裂。另外，还规定：

（1）除了相关安全系数外，实心截面货叉的制造和检验应符合 ISO 2330 的规定。

（2）安装在车辆上所有货叉的总起重量不应小于车辆的实际起重量。

（3）叉套应设计成能防止其从货叉上意外脱落，并应符合 GB/T 22417 的规定。

（4）应采取措施防止货叉在货叉架上发生意外的侧移。

选配货叉时，应注意配对货叉的叉长、叉厚基本相等；而且货叉垂直段与水平段的夹角也应一致。货叉装上叉架后，两货叉上平面应保持在同一平面内，不允许有高低错位现象。货叉之间的距离可根据货物尺寸适当调整，也可根据货物的不同，将货叉换成其他装置。

3.6.3.6 链条

由于起重链条具有相对伸长率低、承载能力大、滑轮直径较小的优点，因此叉车起升机构上都用链条作为挠性件。

叉车上使用的链条主要是板式链和套筒滚子链两种。板式链由于链片数目较多，其承载能力比套筒滚子链的大，承受冲击载荷的能力强，工作更为可靠。因此除在小吨位叉车上采用单排套筒滚子链外，在叉车上更广泛使用的是片式链。

叉车使用的板式链的结构型式如图 3-24 所示。链条的两端是固定螺杆，链条是由链板节和销轴铰接组成，其主要的技术性能参数见表 3-3。当链条有裂纹时，或链条的伸长率超过 4%时，必须更换。同样当链轮工作面磨损有深痕、破裂时，必须更换。

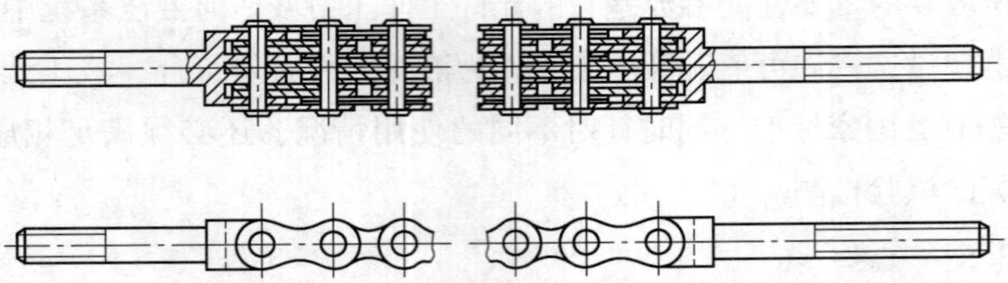

图 3-24 板式链的结构型式

表 3-3 板式链的性能参数

链号	节距/mm	板数组合	链板/mm		销轴/mm		极限载荷/N
			厚度	高度	直径	高度	
LH0844	12.700	4×4	2.08	12.32	5.09	19.51	44480
LH0846		4×6				23.75	44480
LH0866		6×6				27.99	66720
LH1034	15.875	3×4	2.44	15.09	5.96	20.32	48930
LH1044		4×4				22.78	66720
LH1046		4×6				27.74	66720
LH1066		6×6				32.18	100080

3.6.3.7 安全阀

液压系统中可能由于超载或液压缸到达终点油路仍未切断，以及油管堵塞等引起压力突然升高，从而引起管路及接头，特别是液压泵等液压件损坏，增加漏损。安全阀的作用是当系统压力超过正常额定压力太多时，能自动打开回油阀，使压力油直接回油箱，从而保证系统液压元件不因系统压力过高而被破坏。

溢流安全阀一般设置在液压泵的出口，若采用共泵分流阀时，应将安全阀设置在分流阀之后，这样可以不影响分流阀的分流效果。溢流安全阀设定系统工作压力，应根据液压系统允许的超载最大工作压力设定，一般不超过系统额定工作压力的125%，且不得超过液压泵所允许的最大工作压力。为使系统能安全工作、必须经常检查溢流阀的工作压力是否正常，检查可以通过正常的超载试验进行。

3.6.3.8 护顶架和挡货架

对叉车等起升高度超过1.8m的高起升工作车辆，应装有驾驶室。若无驾驶室则必须装有护顶架或可装护顶架的附属装置。同时叉车滑架上方必须装有载荷的挡货架，以防止货物升高后向驾驶员头部上方倾覆而造成对驾驶员的伤害。即使用乘驾式高起升车辆进行高堆垛作业、搬运高的或多件叠装的单元货物时，必须使用带有护顶架和挡货架的车辆。

护顶架的装设，要求车辆在正常环境作业时，必须能遮掩驾驶员的上方。同时为使驾驶员在正常操作时，护顶架或挡货架等装设，尽可能减少各运行部分对人身伤害的危险。在正常操作位置应留有一定的间隙以保护驾驶员不被门架挤压、剪切和夹住。具体间隙要求：手指不小于25mm；手或脚不小于50mm；臂或腿不小于100mm。如果车辆安装了挡货架，其高度、宽度和开口尺寸应使得当门架处于最大后倾位置时，可将载荷朝着门架方向掉落的可能性减至最小。另外，挡货架上开口的2个尺寸中应有1个尺寸不大于150mm。

3.6.3.9　限流保护器

最常用的限流保护器有熔断器、过电流继电器等。熔断器是由熔断器管和熔体两部分组成，熔体是金属丝或金属片。将熔体串联在被保护电路中，当流过它的电流超过规定值时，熔体就自动熔断，直接切断电路起到保护作用。过电流继电器常和接触器配合使用，分为瞬时动作和反时限性动作两种构造。过电流电器的最大特点是动作后能自动恢复到原来状态，能实现自动保护。

3.6.4　客运索道的安全装置

3.6.4.1　机械安全保护装置

（1）站内机械设备、电气设备及钢丝绳应有必要的防护、隔离措施，防止危及乘客和工作人员的安全；非公共交通的空间应有隔离，非工作人员不得入内。

（2）站台（出站侧）应有安全栅栏、安全防护网，防止游客跌落。

（3）驱动、迂回轮应有防止钢丝绳飞出轮槽的装置。

（4）制动、张紧液压站应有手动泵，当液压系统出现故障时可以用手动泵工作。液压系统出现故障时可以用手动泵临时进行工作。液压系统的油压上下限设有保护开关，上限泄压、下限补油。

（5）张紧小车前后设置的缓冲装置，以防小车意外碰撞。

（6）吊厢门安装闭锁系统，车门不能内部开启，也不能由于大风或撞击而自动开启。

（7）减速器设置润滑油压保护装置，以监控润滑系统工作情况。

（8）在托压索轮组上设有防止钢丝绳内跳的挡板，在外侧设有捕捉器及针形开关，当钢丝绳往外脱索时，打断U形破断针，索道停车，捕捉器接住钢丝绳，防止事故发生。

3.6.4.2 电气安全保护装置

（1）站台、机房、控制室均应设置紧急停车按钮。

（2）有负力的客运索道应设有超速保护装置，在运行速度超过额定速度的15%时，应自动停车。

（3）应在索道沿线风力最大处设风速风向仪，在有人的站房设置风速显示装置。

（4）索道站内都有自己专用的内部电话，至少有1个站房或站房附近有外线电话，要配备多个对讲机。

（5）索道应在客厢内装设通信装置或在支架上安装扬声器，在特殊情况下可以及时通知乘客。

（6）所有沿线的安全装置和站内的安全装置应组成连锁安全电路，在线路中任何位置出现异常时，应能自动停车并显示故障位置。索道紧急制动或突然断电后，在紧急事故开关复位前，不能重新起动驱动装置。

（7）索道如在夜间运行，站内及线路应有充足照明，支架电力线电压不允许超过36V。

（8）速度检测开关，一般索道都有两套速度装置，当电动机转速超过额定转速5%时，能发出信号显示，超过额定转速10%时，自动进行安全制动。

（9）UPS（不间断电源），对于>3m/s的客运索道，断电控制系统应在5min内仍能保持工作。

（10）重锤张紧限位开关，装在重锤导轨上分别对重锤的上限位置及下限位置进行检测。

（11）液压张紧限位开关，行程开关装在液压缸两端的合适位置，分别对液压缸行程前进与后退限定位置进行检测。

（12）低速制动器状态监测开关，装在钳式制动器上，用以控制制动器打开状态。

（13）高速制动器状态监测开关，若是液压推杆制动器，则装到推杆制动器上，检测推杆打开状态；若是C型制动器，则装在C型制动器上检测C型制动器的打开状态。

（14）张紧小车行程限位开关，在张紧移动小车触碰挡块前的某个位置，装设行程开关，检测小车的位置。

（15）大轮位置监测开关，检测驱动、迂回轮水平及垂直度情况。

3.6.5 大型游乐设施的安全装置

游乐设施的种类繁多，有关游乐设施的安全使用问题也日益被公众所关注，为确保游乐设施的正常运行，保障乘客的生命安全。游乐设施在设计、制造过程中，必须符合国家相关法规及标准的要求，根据游乐设施不同的性能及结构特点，设置相应形式的安全保护装置，主要有安全带和安全把手、安全压杠、锁紧装置、止逆装置、制动装置、限位装置、超速保护装置、缓冲装置等。

3.6.5.1 安全带和安全把手

安全带和安全把手单独使用时主要用于运行比较平稳、惯性很小，或虽然有一定速度，但运行的方向变化不是很突然，没有必要把乘客完全约束在座椅上的游乐设施。而与安全压杠共同使用时一般安装在压杠护圈上或座位前，这同样是为了乘客平衡自己的身体，提供支承反力。

安全带主要由绳带、锁扣及长短调节器组成，绳带的宽度必须大于 30mm，使其有足够的抗拉强度；锁扣的扣合应可靠，不能轻易滑脱。锁扣多采用插入式，即将绳带一端卡口插入绳带另一端有锁舌的插座中，锁舌在弹簧的作用下伸入卡口内，开锁时只需压下锁舌抽出卡口即可，因此锁扣材料最好为钢制；长短调节器则应有足够的摩擦力，防止安全带松散而未能有效系紧乘客。

绳带式人体保护装置多用于赛车、碰碰车、自控飞机等距地面位置较低、不翻滚的游乐设施，或作为安全压杠的辅助保险装置。安全带的系法主要有两种：一种是系在乘客的腰间；另一种则是斜系胸前，即一端在肩上，另一端在腰间，其他还有 3 点或 4 点式安全带。织带的长短应可调，使之正好贴在乘客的身上，如果太长，乘客的身体仍可挣脱出带子而被甩出。

游乐设施的座舱内或乘客座位上设置的安全把手，有别于安全压杠和安全带，其不是被动强制性安全保护装置，而是主动性保护装置。对一般运动趋势有明显的预见性的游乐设施，安全把手可供乘客抓握用以在运动中稳定和平衡自己的身体，因此对乘客的乘坐安全来说也同样非常关键，而有落水危险的船只必须设置安全把手，严禁设置安全带。安全把手除了有足够的机械强度外，其自身与座椅、安全压杠连接的可靠性也很重要，另外其表面必须光滑平整，不对乘客的手掌造成伤害。

3.6.5.2 安全压杠

对于运行时产生翻滚动作或冲击比较大的运动的大型游乐设施，为了防止乘客脱离乘坐物，应当设置相应型式的安全压杠。安全压杠种类繁多，不同厂家的结构型式各异。常见的有护胸压肩式、压腿式、护胸压背式。

护胸压肩式安全压杠常用于座舱会发生翻滚、颠倒及人体上抛等类型的游乐设施，诸如过山车、垂直发射或自由落体的跳楼机、乘客会倒悬的天旋地转等，其防护等级最高。

此类大型游乐设施离地面较高，运动的惯量又较大，乘客在游玩该类游乐设施时有可能会脱离座位摔出座舱而受到意外伤害。为防止乘客脱离座位，就必须用护胸压肩式安全压杠强制乘客坐在座位上。当乘客身体欲往上抬离座位时，压杠的挡肩部分将挡住肩膀；若身体要往前去，则压杠的护胸部分又挡住胸口，这样就将乘客限制在座位和靠背的很小活动范围内，防止意外受伤。一般安全压杠都设有安全把手。

护胸压肩式安全压杠一般由压紧构件（压杠臂）、执行构件、锁紧装置、保险装置几部件组成。

大型游乐设施越来越刺激，设备多自由度运转，为了防止压肩护胸式安全压杠在使用过程中失效，大部分大型游乐设施除设安全压杠外，还加设了辅助的独立安全保护装置，如辅助安全带等。有的压杠前端还加装了气动插销锁紧装置，有效地防止了主锁紧装置失效后压杠可自行打开。

压腿式安全压杠主要用于不翻滚、不垂直上抛的小惯性运动的游乐设施，如自旋滑车、海盗船、美人鱼等设备。压杠在乘客的大腿根部，不让乘客站起来离开座位，以免乘客摔出座舱。在危险性较大的游乐设施里，压腿式安全压杠一般和护胸压肩式安全压杠组合使用，有效束缚乘客在座椅范围内。

压背式安全压杠主要用于运行速度大、瞬间加速度大且乘客无法用以上两种安全压杠束缚在一定乘坐空间内的游乐设施，如摩托过山车，而乘客如不使用此类安全压杠，可能会对乘客身体造成意外伤害。

3.6.5.3 锁紧装置

锁紧装置是保障人体安全束缚装置正常工作的重要组件，当游乐设施运行过程中，锁紧装置必须有效锁紧人体安全束缚装置，确保乘客可靠束缚在乘坐座位，而锁紧装置不允许在设备运行过程中被人为打开。

游乐设施中锁紧装置有很多种，最常见的有棘轮棘爪型、液压锁紧型、齿条锁紧型、定位销杆类锁紧装置、舱门类锁紧装置等。

齿条锁紧型锁紧装置主要由齿条、棘爪、执行元件和其他辅件组成。

液压锁紧型（缸筒类锁具）锁紧装置的安全压杆由液压缸进行锁紧。锁紧时由换向阀和单向阀控制油路使液压油只向一个方向流动，由此控制压杆只能压紧；打开时，液压缸两侧油路连通，这样液压缸杆可向两个方向运动，安全压杆则可以开启。

棘轮棘爪型锁紧装置由棘轮和棘爪构成，锁紧时由弹簧推动棘爪压在棘轮之上卡住棘轮使之只能向一个方向转动。打开时由凸轮推动棘爪离开棘轮。其原理为当操作人员将安全压杆往乘客身体方向按压时，棘轮转动，棘爪或者卡销卡入棘轮的底部，由于棘轮和棘爪有止逆作用，此时压杆不能往回转，也就是说压杆能挡住乘客的身体，不让乘客脱离座位。棘爪或卡销弹簧保证棘爪始终与棘轮接触，卡到棘轮后不松开。如果棘轮有很多个齿，则压杆可以继续往下压，直到棘爪卡到下一个棘轮位置。

3.6.5.4 止逆装置

滑行车类游乐设施在提升段是沿着斜坡被牵引的，一旦出现牵引链条断裂、牵引钩脱落、意外断电等故障时，为保证滑行车辆不能下滑，均应设置防止乘客装置逆行的安全装置，同时该止逆装置的逆行距离的设计应使冲击负荷最小，在最大冲击负荷时，应能使乘人装置止逆可靠。止逆装置一般分别在车辆底部和轨道提升段安装有止逆钩和止逆挡块。

止逆装置的原理为当滑行车沿斜坡向上牵引时，挡块绕校链点顺时针转动不妨碍上升。当牵引链条断开时，车体由于自重而下滑，迫使挡块逆时针旋转。由于齿条将挡块卡住，不能旋转，故车也不能下滑。

3.6.5.5 制动装置

为了使大型游乐设施安全地停止或者减速，大部分运行速度较快的设备都采用了制动系统，游乐设施的制动包括对电动机的制动和对车辆的制动。

（1）对电动机的制动有机械制动和电气制动两种方式。

（2）对车辆的制动有机械制动方式。机械制动装置是接触式的，其主要由制动架、摩擦元件和松闸器三部分组成。其工作原理主要是利用摩擦副中产生的摩擦力矩来实现制动，或者是利用制动力与重力的平衡，使机器运转速度保持恒定。

3.6.5.6 限位装置

游乐设施中绕固定轴支点转动的升降臂，或绕固定轴摆动的构件，都应有极限位置限制装置，限制装置必须灵敏可靠。在液压缸或气缸行程的终点，应设置限位装置。

限位装置可以分为接触式和非接触式。

(1) 接触式限位开关。接触式限位开关在常用的低压电器中称为行程开关，一般有直动式、滚轮式、微动式等。接触式限位开关是实现行程控制的小电流(5A 以下)主令电器，其作用与普通的控制按钮相同，只是其触头的动作不是靠手按动，而是利用机械运动部件的碰撞使触头动作，即将机械信号转换成电信号，通过控制其他电器来控制运动部件的行程大小、运动方向或进行限位保护。

在大型游乐设施中接触式限位开关主要是对某些运动、提升的部件在某一位置起到限制的作用，如采用液压（气）缸升降的大臂，一般都要求设置限位装置，一方面定位准确；另一方面防止运动过位，如保护液压（气）缸冲底，或者提升冲顶。

(2) 非接触式限位开关。非接触式限位开关在常用低压电器中称为接近开关，当某一物体接近它的工作面到一定的区域范围内时，不论检测体是运动的还是静止的，接近开关都会自动地发出物体接近而“动作”的信号，而不像机械式行程开关那样需施加机械力，因此，接近开关又称非接触式行程开关。

3.6.5.7 超速保护装置

采用直流电动机驱动或者设有速度可调系统时，必须设有防止超出最大设定速度的限速装置，限速装置必须灵敏可靠。

观览车类中像大摆锤、飞毯、遨游太空大部分采用直流电动机驱动。常见的超速保护装置有旋转编码器、离心开关、测速电动机、直流限速器等。

3.6.5.8 缓冲装置

可能碰撞的游乐设施，必须设有缓冲装置。同一轨道、滑道、专用车道等有两组以上（含两组）无人操作的单车或列车运行时，应设防止相互碰撞的自动控制装置和缓冲装置。升降装置的极限位置，必要时应设缓冲装置。

(1) 缓冲装置，主要用途是座舱或车辆发生碰撞时缓冲消耗碰撞物的动能，减小碰撞物间的刚性力，进而避免游客撞伤、碰伤。

(2) 防碰撞装置，多用于滑行车系列游乐设施上（林中飞鼠、激流勇进、太空漫步），由于此类设备运行速度较快，运行过程中不允许车辆发生碰撞，因此必须控制车辆间隔，当游乐设施运行到危险距离范围内时，防撞装置便发出报警，进而切断动力源，制动器制动，使车辆停止运行，避免车辆之间的相互碰撞，防止游客撞伤、碰伤。

（3）缓冲装置种类有弹簧缓冲器、油压缓冲器、其他形式缓冲器（实体式——橡胶、木材或其他弹性材料）。

3.6.5.9 游乐设施电气保护

（1）电击保护，直接电击防护、间接电击保护、直接和间接用电防护。

（2）防雷与接地，雷电防护、接地保护。

（3）其他电气保护，过电流、过电压、欠电压、缺相、短路、过载。

3.7 机电类特种设备检验检测

3.7.1 起重机械检验检测

起重机械是现代工业生产不可缺少的设备，广泛地应用于企业各种物品的起重、运输、装卸、安装等作业中。从安全角度分析，起重机机构庞大复杂。工作范围和活动空间大；吊运的物品多种多样；载荷变化大；作业环境复杂；起重机上活动暴露的零件多；起重作业需要多人配合，难度大。由于以上危险因素的存在，起重机的伤亡事故较多，因此，加强对起重机的检查检验工作，保证其安全运行，对企业中的安全生产十分重要。

起重机械的所有零部件，如吊钩、电磁铁、真空吸盘、集装箱吊具及高强螺栓、钢丝绳套管、吊链、滑轮、卷筒、齿轮、制动器、车轮、锚链和安全钩等，以及金属结构的本体和焊缝，如主梁腹板、盖板和翼缘板等对接焊缝，均不允许存在裂纹等损伤，各机构在试验后也不允许出现裂纹和永久变形等损伤；大部分摩擦部件，如抓斗铰轴和衬套、吊具、钢丝绳、吊链环、滑轮、卷筒、齿轮、车轮等表面磨损量也都有严格的规定；某些部件及其焊缝，如吊钩、真空吸盘、集装箱吊具金属结构、金属结构原料钢板、各机构焊接接头等内部缺陷的当量尺寸也有明确规定；某些专用零部件，如钢丝绳等，也有专用的质量要求；有的对表面防腐涂层厚度也有规定。具体要求可参考各种起重机械及零部件的技术规范，必须根据相应的技术要求针对不同的检测对象采用适当的检测方法和检测工艺。

根据起重机械材料、焊缝及零部件易出现的缺陷类型，可选用相应的无损检测方法，如对整机的金属结构、电气控制和安全防护装置等可用目视检测方法；对零部件，如母材或焊缝内部缺陷主要用射线和超声波检测方法；表面裂纹等缺陷主要用磁粉或渗透探伤方法，也可采用漏磁裂纹检测装置；壁厚减薄可用卡尺等度量工具测量，也可以用超声测厚仪进行测量；漆层厚度可用涡流膜层厚度测量仪测量；金属磁记忆检测仪可对钢结构的应力状况进行检测；声发射技术可检测起重机械材料内部因腐蚀、裂纹等缺陷产生的声发射（应力波）情况；应力应变测试可对整机静态和运动等状态下的应力分布及变化情况进行测试；振动测试可对整机的自振频率和振型分析进行测试。随着无损检测技术的发展，可用于起重机械上的无损检测技术和方法也将越来越多。起重机械种类繁多，不同的起重机械应按其设计、制造、检验、试验和验收等技术条件进行检测。主要针对不同部件和特殊结构易产生缺陷的类型而采用相应的无损检测方法，并以相应的检测工艺和标准进行探伤和评价。

3.7.1.1 目视检测

目视检测是为了检测起重机械的整体质量和各功能部件的性能。主要检测内容如下。

(1) 机械部分。金属结构的几何尺寸测量、表面质量检查、载荷试验、机械装置试验和安全保护装置试验等。

(2) 电气部分。电控装置、电气保护装置、保护接地、照明及信号电路检验等。检验方法主要采用量具测量和机构试运行等。

3.7.1.2 射线检测

一般在起重机械制造和安装阶段对钢结构部分对接焊缝进行射线检测，在用设备则较少采用。起重机械多采用钢板材料制造，与锅炉、压力容器等承压设备相比，壁厚较薄，可采用X射线对焊接质量进行检查。

起重机械射线检测的对象主要是厚度均匀、形状较规则的钢板或钢管制工件和部件的对接焊缝，如吊钩钩片及悬挂夹板的焊缝、集装箱专用吊具的主要受力构件金属结构焊缝、桥式和门式起重机主梁翼缘板和腹板的对接焊缝、主梁上下盖板和腹板的拼接对接焊缝、桥架的组装焊缝以及塔式起重机中主要钢结构的对接焊缝等。

检测时根据被检对象的材质、板（壁）厚、形状等和所要求的标准规范选择适当的参数，如胶片类型、增感屏材料和厚度、透照方式、射线源至工件的距离、管电压、管电流和曝光时间等，即可得到合格的底片，然后按标准对底片进行评定，确定其质量等级。

3.7.1.3 超声波检测

超声波方法可对材料对接或角接焊缝的内部缺陷进行检测，故在起重机械的焊缝质量检查中，超声波检测是较为常用的方法，可检测如锻造吊钩内部的裂纹、白点和夹杂等缺陷，自由锻造吊钩坯料、吊钩钩柄圆柱部分的内部裂纹、白点及夹杂物等缺陷，片式吊钩钩片及悬挂夹板的内部裂纹等缺陷，起重真空吸盘主要受力构件的裂纹等内部缺陷，集装箱专用吊具金属结构主要受力构件焊缝质量和高强度螺栓质量，桥门式起重机原材料钢板质量，主梁盖板与腹板的拼接和对接焊缝质量，主梁翼缘板和腹板对接焊缝质量，塔式起重机主要结构的对接焊缝以及门座式起重机主要受力构件焊缝质量等。

(1) 平板对接焊缝。超声波探伤平板对接焊缝时，应根据板厚与焊接形式选择适当的斜探头，并根据检测标准和被测件厚度选择合适的对比试块，以人工缺陷的当量制作相应的距离上波幅曲线来对缺陷当量进行判识。检测时，斜探头应垂直于焊缝中心线放置在检测面上，在焊缝两侧作锯齿形扫查和斜向扫查等，同时也可配合采用转角、环绕等扫查方式，以便更有效地发现和确定缺陷，然后在焊缝表面作出标记，记录缺陷的长度、深度及所在区域。

(2) 角焊缝。超声波检测角焊缝时，首先在选择检测面和探头时应考虑到各类缺陷的可能性，使声束尽可能垂直于该焊接接头结构的主要缺陷。根据结构形式，角焊缝有五种检测方式。

1) 接板内侧直探头检测。

2) 主板内侧直、斜探头检测。

3) 接板外侧斜探头检测。

4) 接板内侧斜探头检测。

5) 主板外侧斜探头检测。

根据检测对象和几何条件的限制选择一种或几种组合方式实施检测。角焊缝以直探头检测为主，必要时增加斜探头检测。

(3) T形焊缝。T形焊缝的超声波检测，同样需要根据被检缺陷的种类来选择检测面和探头，使声束尽可能垂直于该类焊缝结构的主要缺陷。根据焊缝结构形式，T形焊缝有三种检测方式。

1) 翼板外侧斜探头直射法探测。

2）腹板侧斜探头直射法或一次反射法探测。

3）翼板外侧沿焊缝用直探头或双晶直探头或斜探头探测。

可根据检测对象和几何条件的限制选择一种或几种组合实施检测。

3.7.1.4 *磁粉检测*

表面和近表面裂纹是起重机械的重要检测内容，起重机械的钢结构和零部件及焊缝表面都不允许存在裂纹，鉴于一般起重机械材料多是钢材，磁粉检测也就成为其最常用的无损检测手段之一。

磁粉探伤时，先要对受检表面进行清洁和干燥处理，要求表面不得有油脂、铁锈、氧化皮或其他黏附磁粉的物质。一般以打磨处理为主，打磨后要求工件表面粗糙度 $R_a \leqslant 25\mu m$。在对工件进行灵敏度测试合格后即可对工件进行磁化检测，磁化时间一般为 0.5~2s，同时施加适量的磁悬液，应保证磁粉浓度均匀，并在停施磁悬液至少 1s 后方可停止磁化。对每个受检区域应进行两次 90°方向的磁化检测，以降低漏检率。将胶带纸粘在磁痕上，再将粘有磁痕的胶带纸揭下可作为记录保存，用以评定焊缝缺陷程度。如果检测部位所处环境较昏暗或观察条件不佳时，可采用灵敏度更高的荧光磁粉。

3.7.1.5 *渗透检测*

起重机械主要检测的缺陷类型是裂纹，其中表面开口裂纹的危险性更大。而有时因为材料和结构形状等原因，有些部件或部位不利于磁探仪的操作，用其他无损检测方法也难以取得理想的检测效果，此时，渗透检测便成为唯一可选的无损检测方法。渗透检测前必须对检测表面进行清洁和干燥处理，表面不得有影响渗透效果的铁锈、氧化皮、焊接飞溅、铁屑、毛刺及各种防护层等。要求被检工件的表面粗糙度 $R_a \leqslant 12.5\mu m$。在对检测剂灵敏度和检测工艺进行对比试块的测试合格后即可进行渗透（一般持续时间不小于 10min），清洗、干燥 5~10min，显像（一般不小于 7min）等检测程序。如果检测部位所处环境较昏暗或观察条件不佳时，也可采用灵敏度更高的荧光渗透剂。

3.7.1.6 电磁检测

（1）涡流膜层测厚。起重机械的表面漆层厚度测量主要利用涡流的提离效应，即涡流检测线圈与被检金属表面之间的漆层厚度（提离）值会影响检测线圈的阻抗值，对于频率一定的检测线圈，通过测量检测线圈阻抗（或电压）的变化就可以精确测量出膜层（提离）的厚度值。

涡流膜层测厚受基体金属材料（电导率）和板厚（与涡流的有效穿透深度相关）的影响，为克服其影响，一般选用较高的涡流频率，当频率>5MHz 时，不同电导率基体材料和板厚对检测线圈阻抗的影响差异将变得很小。涡流是空间电磁耦合，一般无需对检测表面进行处理，但为使膜层厚度的测量更加精确，建议对测量表面进行适当的清理，以去除可能对检测精度有影响的油漆防护层上的杂质。

（2）裂纹检测。电磁法检测裂纹时，用一交变磁场对金属试件进行局部磁化，试件在交变磁场作用下，也会产生感应电流，并生成附加的感生磁场。当试件有缺陷时，其表面会产生泄漏磁场梯度异常，用磁敏元件拾取泄漏复合磁场的畸变就能获得缺陷信息，如裂纹的位置和深度等。裂纹检测的空间电磁耦合，一般无需对检测表面进行处理，可穿透非导体防护涂层和铁锈，甚至较薄的非铁磁性金属覆盖层，可用于对钢结构母材及焊缝的裂纹检测，检测精度与常规磁粉相当，适合对起重机械进行快速裂纹扫查。但该方法依据磁场信号进行判定，若磁粉检测后未进行有效的退磁操作，将对检测部位的磁场信号产生干扰，故检测时机应选在磁粉检测之前。钢丝绳一般采用漏磁方法进行检测。

3.7.1.7 金属磁记忆检测

金属磁记忆是对金属结构的应力集中状况进行检测的。通过测量金属构件处磁场切向分量的极值点和法向分量的过零点来判断应力集中区域，并对缺陷的进一步发生和发展进行监控和预测。

磁记忆是一种弱磁检测方法，无需对工件进行磁化，其应力集中部位在地磁场的作用下即可显示出磁记忆信号。但是对工件进行了磁粉检测而又未进行有效的退磁操作，则微弱的磁记忆信号将被磁化后的剩余磁场信号淹没，所以检测时机应放在磁粉检测之前。

3.7.1.8 声发射检测

起重机械声发射检测时，在设备的关键部位，一般选择设计上的应力值较大或易发生腐蚀、裂纹或实际使用过程中曾出现过缺陷（如裂纹）的部位布置传感器。对起重设备施加额定载荷（动载）和试验载荷（静载），起重机械则进行正常运行或保持静止，此时材料内部的腐蚀、裂纹等缺陷源会产生声发射（应力波）信号，信号处理后将显示出产生声发射信号包含严重结构缺陷的区域，频谱分析等手段还可为起重机械的整体安全性分析提供支持。声发射检测相对于其他无损检测技术而言，具有动态、实时、整体和连续等特点，声发射技术不仅可对是否存在缺陷进行检测，还可对缺陷的活度进行判断，进而为起重机械的有效安全监测提供准确的依据。

3.7.1.9 应力测试

应力测试是型式试验中结构试验的主要项目，通过测试起重机械结构件的应力和变形，来确定结构件是否满足起重性能和工作要求。

静态应力测试在加载后机构应制动或锁死，动态应力测试一般在额定载荷下按测试工况运行，各部件的最大应力不应超过设计规定值。测试前由结构分析确定按危险应力区的类型，即均匀高应力区、应力集中区和弹性挠曲区，并据此来确定测试点和应变片的位置和种类，制定测试方案。根据应力状态和类型选择电阻应变片，一般单向应力用单向应变片，二向应力、扭转应力和应力集中区等必须用由三个应变片组成的应变花，应变片标距为1~30mm，以尽量小为宜，灵敏度系数必须明确。各测点部位需磨光并用丙酮清洗，再粘贴应变片，粘贴前后的电阻值相差不大于2%，应变片与被测件绝缘电阻要求为100~200MΩ。

将电阻应变仪调整到零应力状态后加载，卸载后必须回零，并应作多次加载和卸载，使电阻应变片达到稳定，因自重无法消除而得不到零应力状态时，应在测试中加进计算的自重应力。

3.7.1.10 振动测试

振动特性（动刚度）是指起重机的消振能力，通常以主梁自振周期（频率）或衰减时间来衡量。自振频率（特别是基频）和振型是综合分析和评价结构刚度的重要指标。主梁在载荷起升离地或下降突然制动时，会产生低频率大振幅的振动，影响司机的心理和正常的作业。对电动桥门式起重机，当小车位于跨中时的满载自振频率要求不小于2Hz。

振动测试时，在主梁跨中上（或中下）盖板处任选一点作为垂直方向振动检测点，小车位于跨中位置，把应变片粘在检测点上，并将引线接到动态应变仪输入端，输出端接示波器，起升额定载荷至2/3的额定起升高度处，稳定后全速下降，在接近地面处紧急制动，从示波器记录的时间曲线和振动曲线上可测得频率，即为起重机的动刚度（自振频率）。

3.7.2 电梯检验检测

对电梯的设计、制造和安装等过程进行严格控制，加强检测检验，是为了消除和降低电梯可能存在剪切、挤压、坠落、撞击、被困、火灾、电击以及由于机械损伤、磨损或锈蚀引发的材料失效等潜在危险，以确保电梯的运行安全。

电梯的监督检验，无论是电梯的验收检验，还是定期检验，均是无损检验。因垂直升降的电梯占现有电梯总量的80%左右，且各种无损检测技术在垂直升降的电梯中也得到了集中体现，因此下面将以垂直升降的电梯为主来阐述电梯的无损检测技术。

垂直升降电梯的检验主要包括技术资料的审查、机房或机器设备区间检验、井道检验、轿厢与对重检验、曳引绳与补偿绳（链）检验、层站层门与轿门检验、底坑检验和功能试验等项目。其检测方法主要是目视检测，同时辅以必要的仪器设备，进行必要的测量、检测和试验。而超声、射线和磁粉等常用无损检测技术在电梯检验中几乎不使用。

3.7.2.1 目视检测

电梯的目视检测主要是外观检查，通过手动各种功能开关的动作试验以及利用游标卡尺、钢直尺、卷尺和塞尺测量并通过计算来检查或试验电梯相关设施和零部件设置的有效性、功能开关的可靠性以及各种安全尺寸的符合性。在检测工作开始前，检验量具需经计量部门按照有关标准校准，且只能在校准期内使用。

3.7.2.2 电梯导轨的无损检测技术

电梯导轨是供电梯轿厢和对重运行的导向部件，导轨的直线度和扭曲度直接影响电梯运行的舒适度，因此电梯导轨在生产和安装过程中都需要对它的直线度和扭曲度进行检测。目前，常用的导轨检测方法有线锤法和激光测试法两种。

（1）线锤法。该方法是采用5m磁力线锤，沿导轨侧面和顶面测量，对每5m铅垂线分段连续测量，每面分段数不小于3段。检查每列导轨工作面每5m铅垂线测量值间的相对最大偏差是否满足规定要求。

（2）激光测试法。该方法运用激光良好的集束和直线传播的特性，在检测过程中，将装有十字线激光器的主机固定在导轨的一端，将光靶安装在导轨上，使得光靶靶面面向主机发光孔，在导轨上移动光靶，并将光靶上的激光测距仪测量的距离信号传送到电脑中，经计算处理后转化为导轨的线性度和扭曲度。

3.7.2.3 电梯曳引钢丝绳的漏磁检测技术

电梯曳引钢丝绳承受着电梯全部的悬挂质量，在运转过程中绕曳引轮、导向轮或反绳轮呈单向或交变弯曲状态，钢丝绳在绳槽中承受着较高的挤压应力，因此电梯曳引钢丝绳应具有较高的强度、挠性和耐磨性。钢丝绳使用过程中，由于各种应力、摩擦和腐蚀等，使钢丝绳产生疲劳、断丝和磨损。当强度降低到一定程度，不能安全地承受负荷时应报废。

目前，我国电梯钢丝绳的判定依据正在制订。钢丝绳无损检测采用漏磁检测方法。电梯曳引钢丝绳检测的探头采用了永久性磁铁，钢丝绳内穿过磁铁，通过霍尔元件或感应线圈等探伤传感器采集漏磁场的变化信号，检测信号经放大和滤波等处理后由计算机采集和判别，钢丝绳运行的位置由光电编码器编码后输入计算机，计算机对位置编码器发出的脉冲信号计数，通过计算处理后得到钢丝绳当量断丝数和当量磨损量的具体情况和相应的位置。

3.7.2.4 功能试验中的无损检测技术

功能试验是检验电梯各种功能和安全装置的可靠性，多是带载荷和超载荷的试验。在功能试验中需采用不同的检测技术进行各项性能测试。

（1）电梯平衡系数的测试。电梯平衡系数是关系电梯安全、可靠、舒适和节能运行的一项重要参数。曳引驱动的曳引力是由轿厢和对重的重力共同通过钢丝绳作用于曳引轮绳槽而产生的。对重是曳引绳与曳引轮绳槽产生摩擦力的必要条件，曳引驱动的理想状态是对重侧与轿厢器的主机固定在导轨的一端，将光靶安装在导轨上，使得光靶靶面面向主机发光孔，在导轨上移动光靶，并将光靶上的激光测距仪测量的距离信号传送到电脑中，经计算处理后转化为导轨的线性度和扭曲度。

电梯平衡系数测试时，交流拖动的电梯采用电流法，直流拖动的电梯采用电流-电压法。测量时，轿厢分别承载 0、25%、50%、75%和 100% 的额定载荷，进行沿全程直驶运行试验，分别记录轿厢上下行至与对重同一水平面时的电流、电压或速度值。对于交流电动机，通过电流测量并结合速度测量，作电流—载荷曲线或速度—载荷曲线，以上、下运行曲线交点确定平衡系数，电流应用钳形电流表从交流电动机输入端测量；对于直流电动机，通过电流测量并结合电压测量，作电流—载荷曲线或电压—载荷曲线，确定平衡系数。

（2）电梯速度测试技术。电梯速度是指电梯上下方向位移的变化率，由电梯运行控制引起，监督检验时一般采用非接触式（光电）转速表测量。其基本原理是采用反射式光电转速传感器，使用时无需与被测物接触，在待测转速的转盘上固定一个反光面，黑色转盘作为非反光面，两者具有不同的反射率，当转轴转动时，反光与不反光交替出现，光电器件间接地接收光的反射信号，转换成电脉冲信号。经处理后即可得到速度值。

（3）电梯起、制动加速度和振动加速度测试技术。电梯起、制动加速度是指速度的变化率，由电梯运行控制引起；振动是指当大于或小于一个参考级的加速度值交替出现时，加速度值随时间的变化。电梯运行过程中的加速度及其变化率是影响电梯运行舒适性的主要因素，主要表现在：一是电梯起动和制动过程中加速度变化引起的超重感和失重感，二是电梯在稳速运行时的振动。电梯振动产生的原因很多，如电梯安装时导轨安装质量不高、电梯曳引机齿轮啮合不良、变频器的控制参数调整不当、电梯轿厢的固有振动频率与主机的振动频率重合产生共振等。

加速度的测试主要采用位移微分法。测试时，使用电梯加、减速度测试仪，将传感器安放在轿厢地面的正中，紧贴轿底，分别检测轻载和重载单层、多层和全程各工况的加、减速度值和振动加速度值。

（4）电梯噪声测试技术。噪声测试采用了测量声压级的传感器，取 10 倍实测声压的平方与基准声压的平方之比的常用对数（基准声压级为 20μPa）为噪声值。

当电梯以正常运行速度运行时，声级计在距地面高 1.5m，距声源 1m 处进行测量，测试点不小于 3 点，取噪声测量值中的最大值。

对于轿厢内噪声测试，电梯运行过程中，声级计置于轿厢内中央，距地面高 1.5m 测试，取噪声测量值的最大值。

对于开、关门噪声测试，声级计置于层门轿厢门宽度的中央，距门 0.24m，距地面高 1.5m，测试开、关门过程中的噪声，取噪声测量值中的最大值。

3.7.2.5　电梯综合性能测试技术

电梯综合性能测试技术是近几年发展起来的，通过一台便携式设备实现多种性能测试。电梯在运行中，利用专用电子传感器采集信号，经专用软件的分析处理，能够得到电梯安全参数的测试结果。

德国检验机构 TUV 开发的 ADIASYSTEM 电梯诊断系统以专用电子传感器、数据记录仪及 PC 机获取与在线电梯安全相关的参数，是一种测量、存档有关行程、压力、质量、速度或加速度，钢丝绳曳引力和平衡力，电梯门特征及安全钳设置的综合测试设备。可快速准确地测量和处理相关安全数据，测量结果可方便地进行存储并与特定准则进行比较。

3.7.3　场（厂）内专用机动车辆检验检测

通常所说的场（厂）内专用机动车辆检验是指在不解体条件下，借助有关的仪器设备，在一定程度上定量地确定其技术状况（特别是安全技术性能）或工作能力。根据检验结果判断受检场（厂）内专用机动车辆的有关技术状况或能力是否符合相应技术标准的规定要求，即合格或不合格，从而达到了解和控制相关技术状况的目的。也就是说，对场（厂）内专用机动车辆的检验是以安全性能为重点，同时兼顾其他质量特性所进行的检验。

现行场（厂）内专用机动车辆的检验，沿用《厂内机动车辆监督检验规程》(2002 版）的定义，称作监督检验，包括新增及经大修或者改造后的场（厂）内专用机动车辆投入使用前进行的验收检验和按照检验周期进行的定期检验 2 种。验收检验与定期检验除资料审查项目有区别外，其余检验项目内容和要求基本相同，说明《厂内机动车辆监督检验规程》（2002 版）设计时对待新增与在用的车辆安全要求是一致的。

为了加强对场（厂）内专用机动车辆的安全监察工作，确保其产品质量和使用安全，相关监督检验工作应符合如下规定。

3.7.3.1 严格执行国家相关标准及法规

特种设备监督检验机构（以下简称检验机构）开展场（厂）内专用机动车辆的验收检验和定期检验（统称监督检验，下同）时，必须遵守国家有关标准的规定。

3.7.3.2 专用机动车辆投入使用前的监督检验

新增以及经大修或者改造的场（厂）内专用机动车辆在投入使用前，应当按照国家有关标准规定的内容进行验收检验：在用场（厂）内专用机动车辆应当按照国家有关标准规定的内容，每年进行一次定期检验。遇可能影响其安全技术性能的自然灾害或者发生设备事故后的场（厂）内专用机动车辆，以及停止使用一年以上再次使用的场（厂）内专用机动车辆，进行大修后，应当按照国家有关标准规定的内容进行验收检验。场（厂）内专用机动车辆验收检验和定期检验的内容相同，检验后均出具《场（厂）内专用机动车辆监督检验报告》(以下简称《检验报告》)。

3.7.3.3 监督检验的内容要求及检验方法

检验机构应当制订包括检验程序和检验流程图在内的检验实施细则，并对检验过程实施严格控制，检验内容及方法见表 3-4。检验人员如发现异常或特殊情况，经请示检验机构认可，可按照国家有关标准增加检验项目。

表 3-4 场（厂）内专用机动车辆监督检验内容要求及方法

检验项目	项目编号	检验内容与要求	检验方法
1 整车检查	1.1	车辆必须具有国家统一制订的牌照，有关技术资料及档案齐全	外观检查，查阅档案并查验牌照
	1.2	发动机、底盘应有字迹清晰的编号	外观检查
	1.3	车辆须整洁，车身周正，各部机件齐全、完整	外观检查
	1.4	车辆有驾驶室的应有后视镜	外观检查
	1.5	车辆应按国家标准的规定装置有效的防护措施	外观检查
	1.6	车辆按国家标准设置的各种仪表应齐全有效	外观检查与操作试验
	1.7	装载运输易燃易爆、剧毒等危险品的车辆或行驶于危险场所的车辆，必须符合相应特殊安全要求	外观检查与查验相关合格证件
	1.8	车辆的车外最大允许噪声应符合 GB 1495—2002 的规定。车辆污染排放应符合 GB 18285—2005 或 GB 3874—2005 的规定	按 GB 1495—2002、GB 18285—2005 或 GB 3874—2005 规定测量
2 动力系统检验	2.1	发动机的安装应牢固可靠，连接部位无松动、脱落、损坏	外观检查
	2.2	发动机动力性能良好，运转平稳，没有异响，能正常起动、熄火	操作试验与观察
	2.3	点火系统、燃料系统、润滑系统、冷却系统应性能良好，工作正常，安装牢固；线路、管路无漏电、漏水、漏油现象	操作试验与外观检查
3 灯光电光电气检验	3.1	各种车辆灯光的配置应符合设计技术要求	查对说明书并查验实物
	3.2	车辆必须设置转向灯、制动灯	外观检查
	3.3	车辆应安装喇叭，且应灵敏有效，音量不得超过 105dB（A）	观察、验证与测量
	3.4	车辆安装的灯具，其灯泡要有保护装置，安装要牢靠，不得因车辆振动而松脱、损坏、失去作用或改变光照方向；所有灯光开关安装牢固，开启、关闭自如，不得因车辆振动而自行开启或关闭	观察与检查
	3.5	车辆应安装电源总开关，且灵敏有效	观察与检查

续表3-4

检验项目	项目编号	检验内容与要求	检验方法
3 灯光电光电气检验	3.6	蓄电池车辆，蓄电池金属盖板与蓄电池带电部分之间必须有15mm以上的空间，如盖板和带电部分之间具有绝缘层时，则其间隙至少要有10mm。绝缘层必须牢固，以免在正常使用时发生绝缘层脱落或移动	用钢直尺测量与观察
	3.7	蓄电池车辆总电源应设有紧急断电装置，电动机控制电路应装有电流保护装置	外观检查与测试
	3.8	电动机运转平稳无异响，工作温升正常，电刷接触良好，防护罩齐全	测试检查
4 传动系统检验	4.1	离合器分离彻底，接合平稳，不打滑、无异响	操作试验与观察
	4.2	离合器踏板的自由行程应符合原出厂的技术规定	钢直尺测量并对照检验
	4.3	变速器变速杆的位置适当，自锁、互锁可靠（不跳挡、不乱挡）	操作试验
	4.4	传动系统运转平稳，行驶中不抖动、无异响	操作试验与观察
	4.5	液压传动车辆必须处于空挡位置时，才能起动发动机	操作试验
	4.6	静压传动车辆只有处于制动状态时，才能起动发动机	操作试验
5 行驶系统检验	5.1	车架和前后桥不得有变形、裂纹、前后轿与车架的连接应紧固	外观检查，必要时测量或使用仪器检测
	5.2	同一桥上的车轮应装用同型号的轮胎，其型号符合使用说明书的规定	外观检查与查验
	5.3	充气轮胎胎面中心花纹深度不得小于2mm，轮胎胎面和胎壁不得有长度超过3cm、深度足以暴露出轮胎帘布层的破裂和割伤	外观检查，必要时测量
	5.4	轮辋应完整无损，车轮螺母齐全，并按规定紧固	外观检查
	5.5	钢板弹簧片整齐，卡子齐全，螺栓紧固，与转向桥、驱动桥和车架的连接应紧固	外观检查
	5.6	减震器性能良好	外观检查

续表3-4

检验项目	项目编号	检验内容与要求	检验方法
6 转向系统检验	6.1	转向盘的最大自由转动量，从中间位置向左、向右各不得大于15°	使用转向参数测试仪等仪器检测
	6.2	转向应轻便灵活，行驶中不得有轻飘、摆振、抖动、阻滞及跑偏现象	操作试验
	6.3	转向盘转向力应符合标准规定： 采用动力转向的叉车，转向时作用在转向盘上的手操作力应为10~30N；采用机械式转向的车辆，转向时作用在转向盘上的手操作力应不大于150N	使用转向参数测试仪检测
	6.4	转向机构不得缺油、漏油，固定托架必须牢固，转向垂臂、横向拉杆等转向零部件不得采用拼凑、焊接方法修复	观察检验
	6.5	侧滑量不得超过5m/km	使用侧滑仪检测
	6.6	转向轮定位值应符合设计规定	使用转向轮定位测试仪等仪器检测
7 制动系统检验	7.1	车辆必须设置行车制动和驻车制动装置，且功能有效，驻车制动器必须是机械式	观察检测
	7.2	各式行车制动器均应能达到规定的有效制动效能	新增车辆使用制动性能测试仪等仪器检测；在用车辆按拖痕法用尺检测
	7.3	行车制动器制动踏板的自由行程应符合车辆出厂时的技术要求	用测量工具测量
	7.4	脚踏式制动器在产生最大制动作用时，踏板力不得超过700N	使用液压踏板力计等仪器检测
	7.5	液压制动器的制动系统不得漏油或进入空气	观察检测
	7.6	蓄电池车的制动联锁装置应齐全、可靠，制动时联锁开关必须切断行车电动机的电源	操作试验与观察
	7.7	在规定车速下，点制动无跑偏现象	操作试验与观察
	7.8	对靠手柄操纵的制动器，在手柄的握点中心施加力应不大于300N	使用仪器检测

续表3-4

检验项目	项目编号	检验内容与要求	检验方法
8 工作装置检验	8.1	叉车门架应设有防止货叉架升到最高位时脱出的限位装置	观察检测
	8.2	货叉在叉架上的固定必须可靠，能防止货叉从叉架上脱落，并防止货叉横向滑移和脱落	观察检测
	8.3	属具在叉架上固定必须可靠，能防止属具从叉架上脱落，并防止属具横向移动	观察检测
	8.4	货叉架下降速度在任何情况下，不得超过600mm/s	在标准载荷下，测量最大下降速度
	8.5	货叉自然下滑量不大于100mm，门架（或货叉）倾角的自然变化量不大于2°	叉车呈标准状态，拉紧驻车制动，将载荷升到离地2m高度位置，关闭液压分配阀，发动机或电动机停止运转，静止5min后，做好标记，再经过10min，分别测量货叉下降量和门架倾斜角的变化量
	8.6	货叉不得有裂纹，如发现货叉表面有裂纹，应停止使用	目测检查，必要时使用仪器做无损检测
	8.7	货叉两叉尖应该等高，两叉尖高度差不得超过水平段长度的3%	试用器具测量
	8.8	货叉由于使用磨损，货叉水平段和垂直段的厚度不得小于原值的90%	测量检查
9 专用机械检验	9.1	升降倾斜液压缸：液压缸应密封良好，无裂纹和漏油现象	外观检查
	9.2	液压缸应达到额定的工作压力和动作时间，倾斜液压缸应灵活可靠地使属具倾斜；升降液压缸应能平稳地升降属具及载荷，支撑载荷时，液压缸柱塞的回缩量应符合设计规定值	观察检查
	9.3	锁止机件齐全，无裂纹、变形，开启、锁止灵敏可靠	观察检查

续表3-4

检验项目	项目编号	检验内容与要求	检验方法
9 专用机械检验	9.4	各类自行专用机械的专用机具（叉、铲、斗、吊钩、滚、轮、链、轴、销）及结构件（门架、扩顶架、臂架、支撑台架）应完整，无裂纹，无变形，磨损不超限，连接配合良好，工作灵活可靠	目测检查，必要时使用仪器做无损检测
	9.5	液压系统管路必须畅通，密封良好，与其他机件不磨不碰	观察检查
	9.6	液压分配器上必须有铭牌和功能指示牌，液压元件应配合良好，无泄漏	外观与观察检查
	9.7	操纵手柄（杆）无变形，轻便灵活，工作可靠	外观检查与操作
	9.8	溢流阀动作灵敏可靠，功能元件齐全有效	外观检查与操作
	9.9	系统中的工作部件在额定速度范围内不应有爬行、停滞和明显的冲动，应符合设计要求	观察检查

3.7.3.4 终止监督检验

对于不具备现场检验条件的场（厂）内专用机动车辆，以及继续检验可能造成安全和健康损害时，检验人员可以终止检验。

3.7.3.5 详细记录检测情况及检验结果

现场检验过程中，检验人员应当进行详细记录。现场检验原始记录（以下简称原始记录）中，应当详细记录各个项目的检测情况及检验结果。原始记录表格由检验机构统一制作。

3.7.3.6 出具《检验报告》

完成检验工作后，检验机构必须在10个工作日内，根据原始记录中的数据和结果，填写并向受检单位出具《检验报告》。《检验报告》的结论页必须有检验、审核、批准的人员签字和检验机构检验专用章。

3.7.3.7 监督检验判定条件

场（厂）内专用机动车辆监督检验合格判定条件为：重要项目（《检验报告》注有※的项目）全部合格，一般项目（《检验报告》中未注有※的项目，下同）不合格不超过5项（含5项）。对不合格的一般项目，检验机构应当出具整改通知单，由使用、修理、改造等有关单位进行整改，或者由使用单位采取相应的安全措施，在整改情况报告上签署监护使用意见。

对判定为不合格的场（厂）内专用机动车辆，使用、修理、改造或制造单位进行整改、修理后可申请复检。

3.7.3.8 报送“不合格”专用机动车辆的检验结果

判定为“不合格”或“复检不合格”的场（厂）内专用机动车辆，检验机构应将检验结果报当地质量技术监督行政部门的特种设备安全监察机构，以便及时采取安全监察措施。

3.7.3.9 配备车辆检测检验仪器仪表

有条件的单位可以配备车辆检测检验的仪器仪表。

3.7.4 客运索道检验检测

客运索道法定检验可以分为监督检验和定期检验。

监督检验是在安装、改造、重大维修单位自检合格的基础上，对施工过程进行检验。新建、改造、重大维修客运索道时需要监督检验。

定期检验是在使用单位自检合格的基础上，对索道定期进行的检验。可以分为全面检验和年度检验。监督检验后，每3年需要进行1次全面检验；发生自然灾害、人为破坏、重大设备事故影响安全技术性能、停运1年以上重新启用的客运索道需要全面检验；检验时间不得超过安全检验标志上注明的“下次检验日期”。年度检验是在监督检验和全面检验期间的2个年度里进行的一种定期检验。检验时间不得超过安全检验标志上注明的“下次检验日期”。

客运索道相关检验的项目及方法如下。

3.7.4.1 客运架空索道用钢丝绳

钢丝绳式客运架空索道中的重要部件，主要起承载、牵引、制动和平衡作用，为此分为承载索、牵引索、制动索和平衡索四类。检验过程中应对竣工后的钢丝绳种类、形式、所提供的成分、机械性能资料、无损检测报告、安全载荷系数计算书等文件资料按照设计及相关国家标准进行审核；同时对外观质量进行检验，如有条件还应进行漏磁检测。对于在用的钢丝绳，由于机械事故、选型结构不当和运行中的磨损、疲劳以及腐蚀环境等都会造成钢丝绳的散股、缩径、断丝、腐蚀甚至断裂。为此必须进行相关的检验。

（1）外观检验主要采用目视和手摸的方法，检验速度不应大于0.5m/s，主要检验钢丝绳是否有断丝、跳丝，钢丝绳的鞍座处、套筒连接处的接头有无松股断丝和异常现象，特殊的腐蚀性环境中还应检查表面腐蚀状况。

（2）钢丝绳的缩径、腐蚀状况应采用游标卡尺进行检验。

（3）钢丝绳的内部及外观质量可通过漏磁设备进行无损检验，以便发现断丝、腐蚀、缩径等。

（4）钢丝绳的编结主要检验手段是目视、游标卡尺测量和钢板尺或钢卷尺测量。

（5）钢丝绳的末端固定方式检验主要采用目视检验方法。

（6）特殊状况下的成分检验、疲劳试验、腐蚀试验、耐磨试验、伸长试验、低温冲击试验、耐压缩试验及自转试验应通过专业实验室的专业设备进行检验。

（7）钢丝绳的验收及报废标准采用《索道用钢丝绳检验和报废规范》（GB/T 9075—2008）。

3.7.4.2　运载工具（吊椅、吊兰、吊厢）的检验

（1）运载工具内部空间尺寸的检验，主要采用钢卷尺，应符合相关设计要求。

（2）运载工具与支架间距、外界障碍物、距地面的高度（最大和最小距离）的检验主要采用长度钢卷尺或皮尺测量，对于距离较大的无法测量的，也可采用激光测量装置。

（3）外观检验，主要对其结构、焊接质量、设施的设置、安全装置的设置进行目视检验，是否符合设计、安全、焊接外观质量的要求。

（4）运载工具的吊杆、吊耳等受力部位要进行无损检验，每年1次，主要检验裂纹变形及腐蚀状况等。检验手段为探伤设备和目视检查。

（5）对厢体、座椅、保护架、连接螺栓等进行外观检验和无损检验，主要手段为探伤设备和目视检查。

（6）保护架的抬起和落下动作灵活性检验，主要通过目视和动作试验进行检查。

3.7.4.3　驱动装置抱索器的检验

抱索器是客运索道中的关键部件，对其的检验必须采用专用的检验设备。

（1）外抱卡、内抱卡、蓄能器、顶轴主要采用外观检验和无损检测方法，检验的手段有目视、放大镜和无损检测设备，主要检验裂纹、腐蚀、磨损及变形

状况等。

(2) 抱索器的功能及工作状态的检验主要采用抱索器松开状态检测装置、抱索器外形检测装置、钢丝绳位置检测装置、抱索器夹紧力检测装置。

(3) 主驱动机的动力电源检验主要采用现场试验检验。

(4) 抱索器的制动和紧急制动液应采用现场试验的测试方法。

3.7.4.4 张紧装置的检验

张紧装置的检验主要检查拉紧重锤的移动情况、行程的大小及所处位置和重锤行程开关，采用目视测量和动作试验。

3.7.4.5 基础、支架结构的检验

由于支架结构一般为钢结构焊接而成的，因此应对其设计、焊接质量、整体强度、形式等进行检验。

(1) 所用材料的尺寸检验主要采用游标卡尺、钢板尺和钢卷尺等。

(2) 支架的相应安全保护装置和维修设施检验应采用目视检查，对照设计和相关标准。

(3) 支架的焊接外观质量检验采用目视和磁粉检验或渗透检验的无损检测方法。手段主要为目视、放大镜、探伤设备。

(4) 各支架中心线与索道中心线的夹角，主要采用经纬仪进行检验。

(5) 支架中心线的垂直误差，重锤法进行检验。

(6) 顶部横担的歪扭、位移、倾斜采用水平尺、角度仪、钢板尺、量规等进行测量检验。

(7) 各支架间水平距离采用经纬仪进行测量。

(8) 固定支架的螺栓、螺钉、油漆等是否符合要求，采用目视检验法。

(9) 基础检验主要是外观检验，有无裂纹、位移及损坏。采用目视检验方法。

3.7.4.6 托压索轮组检验

(1) 夹板、托索轮、悬挂机构、主轴和销轴进行外观检验和无损检验，主要采用目视、放大镜、无损探伤设备进行检验，检验有无裂纹、腐蚀和变形。

(2) 托索轮的直线度、平行度及间隙，采用钢丝法进行测量和塞尺进行检验。

(3) 托索轮的轮运转、紧固螺栓的连轴检验，通过运行目视观察。

（4）托索轮的U形针进行脱索试验检验。

（5）连接螺钉及支座调节螺栓检验，采用目视和手触摸法。

3.7.4.7 索道供电系统的检验

对照设计是否有相关的供电系统设置以及是否处于正常工作状态，并进行模拟检验。

3.7.4.8 索道的动力驱动系统检验

索道的动力驱动系统检验主要采用万用表和兆欧表进行检验，是否有短路、断路、电压过低等现象。

3.7.4.9 索道的自控系统检验

索道的自控系统检验主要对检测和控制两部分系统进行检验，检验手段有模拟试验和开关试验。检查系统的设置是否符合设计要求，功能是否处于正常工作。

3.7.4.10 接地和防雷系统检验

接地和防雷系统检验主要检验手段为万用表和兆欧表，检查线路设置是否符合要求，接地电阻数值是否满足设计要求。

3.7.4.11 整机噪声的检验采用声级计进行测量

整机噪声的检验采用声级计进行测量，对所有检验的客运索道要按照检验的项目、设备的名称、日期、检验的条件、判据、检验人员、相关说明等具体的要求来设计记录或报告，并认真填写相关内容，备档。

3.7.5 大型游乐设施检验检测

大型游乐设施监督检验是指为保障大型游乐设施产品质量安全和乘客安全，由国家质检总局核准的监督检验机构根据《中华人民共和国特种设备安全法》的规定，在大型游乐设施生产单位或使用单位自检合格的基础上，开展的强制性和抽样性质的监督检验，以达到督促大型游乐设施生产单位和使用单位确保其产品或在用大型游乐设施满足安全要求的目的。

监督检验机构所开展的法定检验是一种监督性与验证性的检验，不能替代大型游乐设施生产单位或使用单位的自行检验，不能免除企业的安全主体责任。对于以生产或运营大型游乐设施作为盈利手段的大型游乐设施生产单位或使用单位，应对其产品质量安全或运行安全承担主体责任。

3.7.5.1 检验种类

通常情况下人们所谈及的监督检验是指狭义范围的监督检验，仅指安装监督检验。其实不然，定期检验也是一种验证性质的监督检验。下面针对设计文件鉴定、型式试验、安装监督检验、验收检验和定期检验五种检验活动进行解释。

A 设计文件鉴定

目前《大型游乐设施设计文件鉴定规则（试行）》第二条规定：大型游乐设施设计文件鉴定是指对大型游乐设施设计的安全技术性能进行的审查。

设计文件鉴定的前提是大型游乐设施生产企业已经完成全部设计工作，设计文件经其技术负责人予以正式批准，样机设计验证试验充分证实其满足安全要求的基础上进行的。设计文件鉴定工作主要是对游乐设施涉及人身安全的重要部分的设计文件进行监督性抽查。

设计文件鉴定是一种来自政府授权的监督检验机构的设计文件抽样性审查，主要起到对大型游乐设施生产单位设计质量控制活动的制约和监督作用，以达到督促其确保大型游乐设施设计结果满足安全要求的目的。设计文件鉴定不能替代生产企业在大型游乐设施产品研发过程中的安全质量把关作用，不能免除其安全主体责任。

B 型式试验

大型游乐设施型式试验分为整机型式试验和部件型式试验两种。2014 年 1 月 1 日开始实施的《大型游乐设施安全监察规定》释义和目前起草的《大型游乐设施型式试验规则》定义型式试验是指在大型游乐设施制造单位完成大型游乐设施产品全面设计验证试验的基础上，由国家质量监督检验检疫总局核准的型式试验机构根据本规则的规定，对产品是否满足安全技术规范要求而进行的监督性技术审查和监督性安全性能试验。

C 安装监督检验

安装监督检验是在大型游乐设施安装、重大修理或改造时进行，是指由国家质检总局核准的监督检验机构在大型游乐设施安装过程中，由监督检验机构派出的监督检验人员对安装过程中和安装结束后的大型游乐设施产品、安装单位质量管理体系运行情况、安装单位持续满足安装许可条件和安装许可管理等方面进行的监督检验和检查。监督检验是监督检验人员依据法规和特种设备安全技术规范进行的监督性质的抽样检验检查。对产品的监督检验是在安装单位自检合格的基础上进行的，监督检验人员对于产品的监督检验不能代替安装单位自检。安装监督检验分为针对大型游乐设施现场散件安装、整体安装、移装、现场改造和重大修理等5类现场施工类型进行监督检验。

D 验收检验

对大型游乐设施安装监督检验尚未开展，目前所实施的是延续多年的验收检验。与型式试验定义情况一样，相关法规和特种设备安全技术规范也未对大型游乐设施验收检验给出明确定义或解释。但《大型游乐设施监督检验规则（试行)》（简称《监规》）规定：游乐设施监督检验机构应当在安装、大修或改造等施工单位自检合格的基础上进行验收检验。验收检验的检验项目、内容与方法应按照《监规》中附件1《检验要求与方法》执行。

E 定期检验

与型式试验和验收检验一样，相关安全技术规范也未给出定期检验的明确定义或解释。根据正在制定的《大型游乐设施定期检验规则》，大型游乐设施定期检验是指对已经办理使用登记手续的在用大型游乐设施，经使用单位或其委托单位进行自检并在维修保养合格的基础上，由国检质检总局核准的大型游乐设施监督检验机构，对其自检与维护保养工作质量和设备安全状况进行抽样性质的监督检验。

3.7.5.2 检验过程

A 检验工作的受理及检验前准备

a 监督（验收）检验的受理

游乐设施安装（改造、维修）施工单位应当在施工前，将拟进行的游乐设施的安装（改造、维修）情况，书面告知当地（直辖市或者设区的市）的特种设备安全监督管理部门，在安装告知书得到受理后，向检验机构申报监督检验，由受理的检验机构安排检验。受理时应查验的资料包括：制造随机文件、设计文件鉴定报告、型式试验报告（同类型首台设备）、配套土建基础技术图样等有关技术文件和资料、安装施工方案、安装自检记录与检验合格报告、安装告知书、乘客须知、应急措施或紧急救援预案。

b 定期检验的受理

特种设备的定期检验是特种设备安全的重要保证，是法定检验的重要一环。

特种设备使用单位应当按照安全技术规范对定期检验的要求，在安全检验合格有效期届满前1个月向特种设备检验检测机构提出定期检验的要求。受理时应查验的资料包括：制造随机文件、验收检验报告、使用相关资料、运行使用记录、维修保养和设备检查记录、定期检验报告、检验发现问题整改情况记录及期间的无损检测报告、设备故障与事故的记录、事故调查报告与处理意见、地方安全监察机构现场安全监督检验意见书与发现问题处理结果回复材料、乘客须知、紧急救援预案与演练记录。

检验机构接到监督检验书面申请后，应当在5个工作日内做出工作计划，与安装单位约定检验时间，并按约定时间实施检验。安装单位因故改变约定时间的，应当提前5个工作日向检验机构提出申请。监督检验机构在接到具备验收检验和定期检验条件的检验申请后，必须在10个工作日内安排相应的检验。大型游乐设施使用单位应当在安全检验合格有效期届满前1个月主动向检验机构提出定期检验书面申请。检验机构在接到具备检验条件的申请后，应当在10个工作日内安排并实施检验。符合受理条件的向申请单位签发受理回执。

c 检验前的准备工作

（1）资料准备。检验人员接到任务单后，应初步审阅设备报检资料，熟悉和把握设备的结构、功能特点，针对性地学习、掌握有关标准、规范及检验指导书，确定并准备所需的检验记录和报告表格等。

（2）仪器准备。检验所需主要仪器为盒尺、游标卡尺、秒表、雷达测速仪、激光测距仪、水平角度尺、测温仪、硬度计、海拔仪、超声波测厚仪、加速度测试仪、接地电阻仪、绝缘电阻仪、电流表、电压表、磁粉检测机、渗透检测剂、超声检测仪等。

（3）安全防护准备。

1）检验前认真进行安全教育，按照设备危险源分析，明晰注意事项。

2）实施现场检验时，应提请被检测游乐设施停止运营，并做好安全监护，摆放警示标志，禁止无关人员进入检验区域。

3）进行高空作业（2m以上），一定要把携带物品摆放稳妥，工具放在工具箱内，以防坠落伤人，不准从高空向下抛掷物品。

4）根据需要，穿着相应的防护服装。

5）现场检验人员不少于2人，在使用单位工作人员配合下实施检验。

6）需要时，确认通信设施的有效性，检验指令清晰无误。

7）持续注意运动设备的位置和状态。

8）遵守使用单位的安全制度。

（4）与申报单位沟通。及时与申报单位进行沟通，了解和遵守受检单位的规章制度。

d 现场检验条件

请受检单位在检验现场准备检验所需的辅助物品，安排配合人员，提供现场检验必要的工作条件，实施现场检验时应具备下列检验条件。

（1）温度、湿度、照明及室外气候条件能满足游乐设施正常运行及检验作业的要求。

（2）输入电气系统的电压正常，电压波动在允许值以内。

（3）检验现场不应有与游乐设施工作无关的物品和设备，相关现场应放置表明正在进行检验的警示牌。

对于不具备现场检验条件的游乐设施，继续检验可能造成安全和健康损害的，检验人员可以终止检验。

B 游乐设施监督检验记录、报告和后处理

a 检验记录

现场检验原始记录中，应详细记录各个项目的检验结果及检测情况。原始记录表格应由检验单位统一制定，在本单位正式发布使用。

原始记录应方便现场操作记录和检验报告的填写，个别项目应另列表格或附图以方便现场记录；还可使用统一规定的简单标记，表明“合格”“不合格”“无此项”等；有测试数据要求的检验项目，应填写实际测试数据；无测试数据要求的检验项目，可以填写现场检验状况。原始记录应有检验人员的签字和检验日期，并应有校核人员的校核签字。

b 检验报告

《游乐设施监督检验规程（试行)》要求：完成检验工作后，检验机构必须在10个工作日内，根据原始记录中的数据和结果，填写并向受检单位出具检验报告。检验报告的内容、格式应符合《游乐设施验收检验报告和游乐设施定期检验报告（格式)》的规定，结论页必须有检验、审核、批准的人员签字和检验机构的检验专用章。

检验报告书中有测试数据要求的项目应在“检验结果”一栏中填写实测或经统计、计算处理后的数据；无测试数据要求但有需要说明或有特殊情况的项目，可在“检验结果”一栏中简要说明。“结论”一栏中只填写“合格”“不合格”“/”（无此项）等单项结论。

c 检验意见通知书

现场检验结束后，通过检验意见通知书的形式，可以将检验情况及时以书面形式通报设备有关各方。解决了检验报告出具前，相关各方没有出现此检验情况文件的问题，能及时准确地签发检验意见通知书；明确了设备安全状况，使用单位和安全监察机构都可据此进行工作，提高了工作效率。

3.7.5.3 检验方法

游乐设施检验检测分为静态检验（审查）与动态检验（试验），也有称作检验和试验的。静态检验包括资料审查、宏观检查与测量、无损检测等。动态检验包括运行试验、参数测定、应力应变测试、动态无损检测等。

A 资料审查

资料审查分为针对生产单位（制造、安装、改造、修理）、个人、产品（设备）和针对生产或使用过程中的资料的合法性、齐全完整性、真实性、符合性等方面的审查。

B 宏观检验

a 一般性要求

宏观检查时，应采用目测、检验锤、放大镜、计量器具、望远镜等方法对所检验部位进行全面仔细的宏观检查，当发现缺陷或有产生应力集中部位时，应采用无损或其他方法进一步详查。检验时，应包括但不限于《大型游乐设施检验规则》规定的项目。必要时，应搭架子对难以达到处进行检验检测。

验收检验时，应在核实施工单位自检记录的基础上，对重点项目进行定位复查，所复查部位数据必须具有再现性。

对于制造安装中多次焊接返修部位、可动结构、应力集中部位、承受冲击力较大部位或疲劳部位、隐蔽部位、使用中多次发现缺陷的部位等，应重点检查。

b 整机情况

整机外观质量、涂装情况、产品铭牌等。

设计和标准规定的整机重要几何尺寸与偏差（如中心轴对水平面的垂直度公差、回转支承面与水平面的倾斜度公差、转盘桁架外端在同一平面偏差、塔节对角线长度差）等，以及长度、厚度、轨迹（曲率）变化、高差、挠度、扭曲程度、倾斜等方面的情况检查。

对照设计图纸核对设备整体情况与主体结构是否按照图纸加工制造安装。

C 分项检验

（1）基础。基础表面质量、基础尺寸和位置偏差、基础与设备的连接质量等方面检查。

（2）材料与标准机电产品。对材料、标准机电产品（如牌号、品种与规格、性能指标）的选用情况与实际质量检查。

（3）部件与组件。受力结构（部件）、重要轴（销轴）、关键零部件和高强螺栓的质量情况（如结构、几何尺寸与偏差、厚度、硬度与表面粗糙度、锈蚀、磨损、隐蔽部件与部位、内外部质量等）。对于设备制造或完毕后无法再进行检验的主要受力结构（部件）、关键零部件，以及主要受力结构和主要受力部件的掩蔽焊缝、应力集中部位或易产生缺陷的部位等，在被覆盖（封闭）之前，应经施工单位专检人员100%宏观检查（必要时进行表面无损检测）合格。机械系统（动力、传动、提升等）的配置与实际安装（装配）质量。

（4）连接情况。设备各部位的连接质量情况，包括焊缝布置、焊接方式、焊缝质量、螺栓与销轴连接等。

（5）乘人设施与安全装置。乘人设施框架结构加工或组装质量与几何尺寸、座席尺寸与表面质量、焊接质量、安全装置情况等。乘人设施上的其他应配置的安全装置种类、数量、安装或连接方式、质量情况等。

（6）电气系统质量情况。电气设备、设施（包括操作系统与操作室）的配置与安装质量、电气安全防护等方面。

（7）安全及应急设施。安全设施与紧急救援措施（设施）、防护罩、安全网、避雷装置、风速计、安全栅栏、走道、平台等。

D 无损检测

采用超声波、磁粉、渗透、射线等方式，对重要轴（销轴）、重要焊缝或设计要求需无损检测的部件和部位，以及重要焊缝和特殊焊缝的返修部位进行无损检测抽检与扩检。

无损检测方面，应按照设计单位给出的重要受力部件、重要焊缝、重要受力部位、关键零部件和安全部件（附件），对不同情况分别抽检20%以上，发现问题扩大检测比例。对于设计没有明确的重要部件（部位）情况，检验人员应根据《监规》和自己的技术判断能力选择重要部件或部位进行抽检。无损检测抽查部位应能定位，且应对发现缺陷的部位做出明显标志，在检测记录中详细描述。

E 运行试验、参数测定与运行试验后检查

(1) 运行试验。包括空载运行试验、满载运行试验、偏载运行试验、超载运行试验。

(2) 运行试验参数测定。运行试验时，实测各个运行参数应达到设计文件鉴定规定的设备最大允许运行参数。

(3) 运行试验后检查。运行试验过程中和运行试验后，主要受力结构（部件）、关键零部件和安全装置等不应有永久变形及损坏现象。

另外，还有加速度测试、应力应变测试等，在此略述。

3.8 机电类特种设备安全使用与管理

3.8.1 起重机械的安全使用与管理

3.8.1.1 起重机械使用及操作安全管理

(1) 安全管理制度。安全管理规章制度的项目包括：司机守则和起重机械安全操作规程；起重机械维护、保养、检查和检验制度；起重机械安全技术档案管理制度；起重机械作业和维修人员安全培训、考核制度；起重机械使用单位应按期向所在地的主管部门申请在用起重机械安全技术检验，更换起重机械准用证的管理等。

(2) 技术档案。起重机械安全技术档案的项目包括：设备出厂技术文件；安装、修理记录和验收资料；使用、维护、保养、检查和试验记录；安全技术监督检验报告；设备及人身伤亡事故记录；设备的问题分析及评价记录。

(3) 定期检验制度。在用起重机械安全定期监督检验周期为 2 年（电梯和载人升降机安全定期监督检验周期为 1 年）。此外，使用单位还应进行起重机的自我检查，每日检查、每月检查和年度检查。

1) 年度检查。每年对所有在用的起重机械至少进行 1 次全面检查。停用 1 年以上、遇 4 级以上地震或发生重大设备事故、露天作业的起重机械经受 9 级以上的风力后的起重机，使用前都应做全面检查。

其中载荷试验可以吊运相当于额定起重量的重物进行，并按额定速度进行起升、运行、回转、变幅等操作，检查起重机正常工作机构的安全和技术性能、金属结构的变形、裂纹、腐蚀及焊缝、铆钉、螺栓等连接情况等。

2）每月检查。检查项目包括：安全装置、制动器、离合器等有无异常，可靠性和精度；重要零部件（如吊具、钢丝绳滑轮组、制动器、吊索及辅具等）的状态，有无损伤，是否应报废等；电气、液压系统及其部件的泄漏情况及工作性能；动力系统和控制器等。停用1个月以上的起重机构，使用前也应做上述检查。

3）每日检查。在每天作业前进行，应检查各类安全装置、制动器、操纵控制装置、紧急报警装置；轨道的安全状况；钢丝绳的安全状况。检查发现有异常情况时，必须及时处理。严禁带病运行。

（4）作业人员的培训教育。起重作业是由指挥人员、起重机司机和司索工群体配合的集体作业，要求起重作业人员不仅应具备基本文化和身体条件，还必须了解有关法规和标准，学习起重作业安全技术理论和知识，掌握实际操作和安全救护的技能。起重机司机必须经过专门考核并取得合格证者方可独立操作。指挥人员与司索工也应经过专业技术培训和安全技能训练，了解所从事工作的危险和风险，并有自我保护和保护他人的能力。

3.8.1.2 起重机检验安全管理

（1）由确保起重机械测试及检验得以进行的拥有人指定有资格的起重机械检验员对起重机进行检验，该检验员必须是接受过培训，有经验且有足够能力进行起重机械测试及检验的人员。

（2）起重机械的拥有人应保证起重机械在过去的12个月内曾由一名有资格的检验员进行过最少一次的彻底检验，该有资格的检验员应在证明书内说明该受检起重机处于安全状态。

（3）起重机械（起重机、起重滑车或绞车除外），须在使用前由拥有人保证由一名有资格的检验员对起重机械进行了超载试验，并做彻底检验，并将试验及检验状况记录在指定格式的证明书上。

（4）起重机、起重滑车或绞车的拥有人，在过去的4年内，曾派一名有资格的检验员对设备进行超载试验和彻底检验。

（5）如起重机械曾经重大修理、重新架设、失灵、翻倒或倒塌，则拥有人必须重新进行超载试验和彻底检验。

（6）起重机械的拥有人须对起重机械定期进行检查。检查人必须是拥有人指定，并且受过专业训练具有实际经验而有足够能力执行该职责的有资格人员。起重机械应在7天内至少检查一次，明确该起重机械所处的安全操作状态。

3.8.2 电梯的安全使用与管理

3.8.2.1 电梯安全要求

电梯的安全是由组成电梯的各部分零部件的功能和状态来保证的，是通过对电梯组织各部分和安全装置的安全要求以及安全信息的顺利传递来实现的。

电梯是高层建筑中必不可少的垂直运输工具，其运行质量直接关系到人员的生命安全和货物的完好，所以电梯运行的安全性必须放在首位。为保障电梯的安全运行，从电梯设计、制造、安装及日常维保等各个环节都要充分考虑到防止危险发生，并针对各种可能发生的危险，设置专门的安全装置。根据《电梯制造与安装安全规范》（GB 7588—2003）中的规定，现代电梯必须设有完善的安全保护系统，包括一系列的机械安全装置和电器安全装置，以防止任何不安全情况的发生。在电梯的安全系统中，包括有高安全系数的曳引钢丝绳、限速器、安全钳、缓冲器、多道限位开关、防止超载系统及完善严格的开关门系统和安全保障。

电梯安全保护可分为机械保护、电气保护和安全防护三个方面。机械保护有限速器、安全钳、层门自闭安全装置、缓冲器等。其中，有些装置是与电气保护装置配合共同承担保护任务。电气安全保护装置除一些与机械保护装置协同工作外，还有一些是电气系统的自身保护，如电动机短路保护、接地接零保护等。安全防护中有机械设备的防护装置如对外旋转轴、转动的齿轮的保护以及各种护栏、护栅等安全防护装置。

3.8.2.2 电梯安全管理

电梯的安全工作基于两个方面：一方面是设备安全；另一方面是人员安全。设备应符合国家安全要求，人员应通过安全技术考核。为了规范电梯行业，加强电梯管理，有关方面先后制定颁布了一系列法规和规范性文件。

A 选购的安全审查

电梯出厂时，必须附有制造企业关于该电梯产品或者配件的有关证明，包括如下。

（1）出厂合格证。合格证上除标有主要参数外，还应当标明驱动主机、控制机、安全装置等主要部件的型号和编号。

（2）使用维护说明书。

（3）装箱清单等出厂随机文件。

（4）门锁、安全钳、限速器、缓冲器等重要的安全部件，必须具有有效的形式试验合格证书。

B　电梯的使用运行安全要求

（1）设置专人负责电梯的日常管理，记录电梯运行状况和维修保养工作内容。建立、健全各项安全管理制度，积极采取先进技术，降低事故率。

（2）确定合理的电梯运行时间，加强日常维修保养。特别是制动器、限速器、超载报警装置。

（3）安装、维修保养人员和电梯驾驶员均应持有有效的特种作业操作证上岗，并定期参加复审。

（4）电梯维修时必须悬挂警示牌，维修结束，确定恢复正常后才可载重运行。

（5）在便于接到报警信号的位置设立电梯管理人员的岗位。制定紧急救援方案和操作程序。

（6）电梯机械部分发生严重腐蚀、变形、裂纹等缺陷，电器控制系统紊乱，存在严重不安全因素时，应及时检修。

（7）在用电梯的定期检验周期为1年。

C　对电梯驾驶员的要求

电梯是一个多层及高层建筑的上下垂直运输设备，频繁地上下起动停止，人经常处于加速度及颠簸状态。为了确保乘客与设备的安全，电梯驾驶员需经过专门培训、应考试合格，经安全监督部门审核取得操作证者，才能驾驶电梯，无证者不准上岗。

电梯驾驶员应选派有初中以上文化、身体健康的人员来担任。严格控制心脏病、高血压、精神病患者和耳聋眼花、四肢残疾低能者担任电梯驾驶员。

电梯驾驶员应有一定的机械与电工基础知识，懂得电梯的基本构造，主要零部件的形状，安装位置和作用，了解电梯起动、加速、减速、平层等运行原理和电梯保养及简单故障排除的方法。

电梯驾驶员应知道自己驾驶电梯的服务对象、井道层站数、层楼高度及总提升高度、电梯在建筑物中所处的位置、通道及紧急出口。还应知道本电梯的主要技术参数，如电梯速度、载重量、轿厢尺寸、开门宽度以及驱动操纵方式。

电梯驾驶员还要掌握电梯的各种安全保护装置的构造工作原理和安装位置，熟练掌握本电梯操纵方法，知道安全窗、应急按钮、急停开关的作用和正确使用方法，并能对电梯运行中突然出现的停车、失控、冲顶、坐底等情况临危不惧，采取正确处理方法。

D 电梯班前检查

a 外观检查

（1）电梯驾驶员开启在电梯层门进入轿厢之前，首先要看清电梯轿厢是否确实在本层站后，然后进入轿厢、切勿盲目闯入造成踏空坠落事故。

（2）进入轿厢检查轿厢是否清洁，层门轿门地坎槽内有无杂物垃圾，轿内照明灯、电风扇、装饰吊顶、操纵箱等器件是否完好，所有开关是否在正常位置上。

（3）打开电源开关层站召唤按钮、指示灯、讯响器以及层门轿内层楼指示灯工作是否正常。

（4）进机房检查曳引机、电动机、限速器、极限开关、控制屏、选层器等外观是否正常，机械结构有无明显松动现象和漏油状况，电气设备接线有否脱落，接头有否松动，接地是否可靠。

b 运行检查

运行检查也称为试运行，当驾驶员完成外观检查后，应关好层门和轿厢门，起动电梯从某站出发上下运行一、二次循环并检查以下几点。

（1）在试运行中要作单站停车、直放和紧急停车试验，并检查其操纵箱上各开关按钮动作是否正常，召唤按钮、信号指示、消号、层楼指示等功能是否正常。如电梯有与外部通信联络装置，如电话、警铃等，也需正常可靠。

（2）运行中要注意电梯上下运行导轨润滑，有无撞击声或异常声响和气味。

（3）检查门、电锁门联锁开关工作正常，门未闭合电梯不能起动，层门关闭后应不能从外面开启，门开启关闭灵活可靠，无颠动响声。

（4）运行中要检查电梯制动器工作是否正常，电梯停站后轿厢应无滑移情况，轿厢平层应准确，平层误差应在规定范围之内。

E 电梯运行中注意事项

（1）驾驶员在服务时间要坚守自己的岗位，不擅自离开，如果必须离开时，必须将电源开关关闭并关好层门。

（2）驾驶员应仪表大方，讲文明礼貌，不与乘客争吵，服务时间不做私活不与人闲谈。

（3）驾驶员应负责监督控制轿厢的载重量，乘客电梯载重量每人平均以75kg 计算。计算方法是将额定载重量除以 75，将余数去掉，如 1000kg 乘客电梯应为 1000/75=13，其中包括驾驶员。根据国家有关标准，电梯额定载重量与可乘人数见表 3-5。

表 3-5 额定载重量与可乘人数

额定载重量/kg	630	800	1000	1250	1600
可乘人数	8	10	13	16	21

（4）电梯在运载货物时，应将货物放在轿厢中间，不要放在轿厢一边或某一角落。

（5）在没有采取防范措施前，轿厢内不允许载装易燃易爆的危险品。

对无质量标记的货物估计质量不要过低，当发现电梯起动缓慢，上行速度减慢，下行速度变快，说明电梯超载，应将电梯停止，减少运载货物后再行起动。

（6）在手动开关门电梯驾驶中，不得利用门电锁开关使电梯起动及停止。

（7）层门轿门电锁及其他安全开关，都不可用其他物件塞住使其失效而不起安全作用，严格禁止在层门轿门敞开情况下揿应急按钮来起动电梯。

（8）在轿厢尚未停妥层站时（包括自平与慢速），不可开启轿门与层门使乘客出入。

（9）电梯在运行中，不得突然改变轿厢运行方向，如要改变运行方向时，必须先将轿厢停止后，然后再向反方向起动。

（10）电梯运行中，应注意乘客勿要依靠在桥门上，对交栅门，更应注意乘客的手脚及携带物品不要伸出轿门外。

F 电梯停驶后注意事项

（1）当日工作完毕后，驾驶员应将电梯返回到底站或基站停放。

（2）驾驶员应做好当日电梯运行记录，对存在问题应及时告诉有关部门及检修人员。

（3）做好轿厢内和周围的清洁工作。

（4）关闭电源开关、轿内照明、轿门与层门。

3.8.3 场（厂）内专用机动车辆的安全使用与管理

3.8.3.1 场（厂）内专用机动车辆使用安全技术

车辆在各种环境条件下行驶作业，各部件或总成的工作状况常有显著变化，使车辆使用性能变差。因此，必须有相应的措施，保证在各种条件下正确使用车辆，防止机件损坏，确保行车作业安全并减少运行材料消耗。

A 通常情况下的使用

通常是指正常环境、普通情况下的使用，驾驶员必须熟悉所驾驶车辆的技术性能，特别是很好地掌握与行车作业安全有关的技术特性。如车辆的额定载重量，叉车货叉最高起升高度和速度，行驶时货叉距地面高度，叉车起重架前、后货角，自动倾卸车车厢最大起升高度，轮胎标准充气压力，最小转弯半径，最大爬坡度等。同时，严格按性能要求去操作。

在使用中，驾驶员要严格坚持“三检”，即出车前、作业中、收车后的检查。

驾驶员坚持“三检”是保证行车安全和保证车辆良好技术状况的基本要求。“三检”的主要项目和要求按出车前、作业中、收车后有所不同，但是出车前的检查尤为重要，带有隐患的不合格车辆不准出车作业。每个驾驶员要养成一种良好的习惯。

B 特殊情况下的使用

(1) 车辆在低温条件下的使用。在冬季，我国大部分地区的最低气温在0℃以下，一般在-25～-10℃，西北、东北及西部边疆严寒地区最低气温可达-35℃以下。车辆在低温条件下使用，会使发动机启动困难，冷却系统和蓄电池容易冻结，燃料消耗增加，车辆发动机磨损加剧；行车作业困难，影响行车安全。

在低温环境下，车辆发动机润滑性能降低，流动性差，增大启动阻力，也加剧部件磨损。有资料表明，在气温为5℃时，若不加热水冷启动一次发动机，气缸磨损相当于行驶30～40km的磨损量。在-18℃的气温下，冷启动一次发动机，气缸磨损相当于行驶250km的磨损量。在一台发动机的整个寿命中，由于启动造成的气缸磨损量占总磨损量的5%，而冬季启动磨损量占启动总磨损量的60%～70%，说明冬季低温对发动机的影响是非常大的，必须引起重视。

在低温环境下，水冷式发动机的车辆在室外停放易冻裂散热器和气缸体。如果蓄电池的电解液密度不够，也有冻坏的危险。

在冬季气温低的环境下行车作业要精心操作，特别是在严寒地区，冬季冰雪路面轮胎附着系数大大降低，车辆容易横滑，气压制动的管路中含水分易结冰，使制动性能降低，在刮风下雪时，驾驶员视线差，操作困难。

（2）车辆在高温条件下的使用。高温季节，由于气温高，发动机冷却散热不良，易使发动机温度过高；高温使润滑油黏度下降，润滑性能变差；高温易使燃料系统产生“气阻”，影响发动机正常工作；外界气温高，使轮胎散热慢，易使轮胎气压增高，长时间作业易使轮胎爆破。

（3）车辆在山区或高原地区的使用。由于高原地区的海拔高、气压低，造成车辆的动力性、经济性和安全性下降。

由于气压低、空气稀薄，发动机充气量减少，气缸内压缩终了的压力和温度降低，混合气体的燃烧速度相应缓慢。由于气压低，使真空点火提前装置的工作受到影响，点火时间相应推迟。这些都会造成发动机功率下降。同时，由于充气量减少，使混合气体中的燃料含量过大，燃烧不完全，造成燃料消耗增加。

由于气压低，水的沸点也降低，冷却水易蒸发，从而使发动机温度上升，所以需要经常补水。同时，由于冷却效果不良，使润滑性能下降，导致发动机磨损增加，发动机使用寿命缩短。

（4）车辆走合期的使用。新车或大修后的车辆及装用大修后的发动机的车辆，在使用初期称为走合期。走合期是按照行驶里程或时间，根据各种车辆出厂的规定确定。一般为1000~1500km 行驶里程或工作 40~60h。

车辆在使用初期正常走合非常重要，对车辆使用寿命有直接影响。新车或大修后的车辆，尽管在生产过程中各部总成件已经过磨合，但零件加工中总会存在符合规定的几何偏差，在总成及部件装配过程中，也会有一定允许的误差。因此，新的配件运动时，相互间产生摩擦，其摩擦表面压力要比理论上大得多，同时，还会造成摩擦面温度升高。往往由于装配中的误差，使间隙小的地方，润滑油不易到达摩擦表面，造成润滑不良，加剧零件磨损，甚至导致过热膨胀，过度磨损，零件表面刮伤，引起零部件的早期损坏或影响使用寿命。所以，新车、大修后的车辆，包括发动机大修的车辆，在使用初期必须经过一定时间的走合。

3.8.3.2 场（厂）内专用机动车辆安全操作技术

A 叉车安全操作技术

a 检查车辆

（1）叉车作业前后，应检查外观，加注燃料、润滑油和冷却水。

（2）检查启动、运转及制动安全性能。

（3）检查灯光、喇叭信号是否齐全有效。

（4）叉车运转过程中应检查压力、温度是否正常。

（5）叉车运行后还应检查外泄漏情况并及时更换密封件。

b 起步

（1）起步前，观察四周，确认无妨碍行车安全的障碍后，先鸣笛、后起步。

（2）液压（气压）式制动的车辆，制动液压（气压）表必须达到安全方可起步。

（3）叉车在载物起步时，驾驶员应先确认所载货物平稳可靠。

（4）起步必须缓慢平稳。

c 行驶

（1）行驶时，货叉底端距地高度应保持300~400mm，门架须后倾。

（2）行驶时不得将货叉升得太高。进出作业现场或行驶途中，要注意上空有无障碍物刮碰。载物行驶时，货叉不准升得太高，影响叉车的稳定性。

（3）卸货后应先降落货叉至正常的行驶位置后再行驶。

（4）转弯时，如附近有行人或车辆，应先发出行驶信号。禁止高速急转弯，高速急转弯会导致车辆失去横向稳定而倾翻。

（5）行驶叉车在下坡时严禁熄火滑行，非特殊情况禁止载物行驶中急刹车。

（6）叉车在运行时要遵守厂内交通规则，必须与前面的车辆保持一定的安全距离。

（7）叉车运行时，载荷必须处于不妨碍行驶的最低位置，门架要适当后倾。除堆垛或装车时，不得升高载荷。

（8）载物高度不得遮挡驾驶员视线。特殊情况物品影响前行视线时，倒车时要低速行驶。

（9）禁止在坡道上转弯，也不应横跨坡道行驶。

（10）叉车厂区安全行驶速度5km/h，进入生产车间区域必须低速安全行驶。

叉车的起重升降或行驶时，禁止人员站在货叉上把持物品和起平衡作用。发现问题及时检修和上报，绝不带病作业和隐瞒不报。

d 装卸

（1）叉载物品时，应按需调整两货叉间距，使两叉负荷均衡，不得偏斜，物品的一面应贴靠挡物架。

（2）禁止单叉作业或用叉顶物、拉物。特殊情况拉物必须设立安全警示牌提醒周围行人。

（3）在进行物品的装卸过程中，必须用制动器制动叉车。

（4）车速应缓慢平稳，注意车轮不要碾压物品垫木，以免碾压物绷起伤人。

（5）用货叉叉货时，货叉应尽可能深地插入载荷下面，还要注意货叉尖不能碰到其他货物或物件。应采用最小的门架后倾来稳定载荷，以免载荷后向后滑动。放下载荷时可使门架少量前倾，以便于安放载荷和抽出货叉。

（6）禁止高速叉取货物和用叉头向坚硬物体碰撞。

（7）叉车叉物作业时，禁止人员站在货叉周围，以免货物倒塌伤人。

（8）禁止超载，禁止用货叉举升人员从事高处作业，以免发生高空坠落事。

（9）不准用制动惯性溜、放圆形或易滚动物品。

（10）不准用货叉挑、翻、栈板的方法卸货。

e 离开叉车

（1）禁止货叉上物品悬空时离开叉车，离开叉车前必须卸下货物或降下货叉架。

（2）停车制动手柄拉死或压下手刹开关。

（3）发动机熄火，停电。

f 停车注意事项

（1）发动机熄火前，应使发动机慢速运转。

（2）2~3min 后熄火。发动机熄火停车后，应拉紧制动手柄。

（3）低温季节（在零度以下），应放尽冷却水，或者加入防冻液。

（4）当气温低于-15℃时，应拆下蓄电池并搬入室内，以免冻裂。转动机油滤清器手柄 1~2 转，检查螺栓、螺母有无松脱现象，并及时排除不正常情况。

（5）将叉车冲洗擦拭干净，进行日常例行保养后，停放车库或指定地点。

B 装载机安全操作技术

（1）装载机在起步前应先鸣声示意，将铲斗提升离地 500mm，行驶过程中应测试制动器的可靠性，并避开路障或高压线等。除规定的操作人员外，不得搭乘其他人员，严禁铲斗载人。

（2）高速行驶时，应采用前两轮驱动；低速铲装时，应采用四轮驱动。行驶中应避免突然转向铲斗，装载后升起行驶时，不得急转弯或紧急制动。

（3）装料时应根据物料的密度确定装载量。铲斗应从正面铲料，不得铲斗单边受力；卸料时，举臂翻转铲斗，应低速缓慢动作。

（4）在松散不平的场地作业时，应把铲臂放在浮动位置，使铲斗平稳地推进，当推进时阻力过大时，可稍稍提升铲臂。铲臂向上或向下动作到最大限度时，应速将操纵杆回到空挡位置。

（5）操纵手柄换向时，不应过急过猛；满载操作时，铲臂不得快速下降。

（6）不得将铲斗提升到最高位置运输物料，运载物料时宜保持铲臂下铰点离地面 500mm，并保持平稳行驶。

（7）铲装或挖掘时，应避免铲斗偏载，不得在收斗或半收斗而未举臂时前进。铲斗装满后应举臂到距地面约 500mm 时再后退转向卸料。

（8）当铲装阻力较大出现轮胎打滑时，应立即停止铲装，排除过载后再铲装。

（9）当向自卸汽车装料时，宜降低铲斗及减小卸落高度，不得偏载超载和砸坏车厢。

（10）机械运行中，严禁接触转动部位和进行检修。在修理工作装置时，应使其降到最低位置，并应在悬空部分垫上方木。装载机转向架未锁闭时，严禁站在前后车架之间进行检修保养。

（11）在边坡壕沟凹坑卸料时，轮胎离边缘距离应大于 1.5m，铲斗不宜过于伸出。在大于 30°的坡面上不得前倾卸料。

（12）在作业过程中，发现内燃机水温出现过高状况，变矩器油温超过 110℃时，应停机降温。

3.8.3.3 场（厂）内专用机动车辆维护安全技术

车辆在使用中受各种因素的影响，其各部件必然会逐渐出现不同程度的磨损和损坏。为避免零部件的早期损坏，应及时采取必要的技术措施，即进行车辆的维护作业。

车辆的维护贯彻预防为主、强制维护的原则。其目的是及时发现和消除故障隐患，防止早期损坏，它与车辆修理是两种不同性质的技术措施。车辆维护是降低零部件磨损程度，预防故障发生，延长使用寿命而采取的预防性技术措施。车辆修理是处理已出现的故障，修理或更换已损坏的零部件，为恢复技术性能而采取的技术性措施。严格地执行车辆的维护制度，必将给企业带来经济效益、给驾驶员带来收益和安全。

车辆行驶到一定的里程或工作一定的时间后进行车辆维护；这种需要维护的

行驶里程或工作时间称为维护周期。根据不同的维护周期而制定出不同的作业范围称为维护分级。车辆的维护分为日常维护、一级维护、二级维护、季节维护、走合维护。

走合维护如前所述，是指新车或大修后车辆使用初期，一般在1000~1500km行驶里程或工作60~80h所进行的技术维护。

季节维护是指在进入夏季、冬季前为车辆合理使用所进行的技术维护，可结合定期维护合并进行。

一、二级维护属于定期维护，维护周期间隔里程或工作时间可根据不同车型的结构特点和技术状况、使用条件，参照车辆出厂使用规定来确定。

一级维护：国产车辆间隔在1500~2000km行驶里程（10~15天）；进口车辆间隔在3000~5000km行驶里程（15~25天）。

二级维护：国产车辆间隔在12000~14000km行驶里程（3~3.5个月）；进口车辆间隔在16000~20000km行驶里程（4~5个月）。

各级维护的作业内容如下。

日常维护：是由驾驶员在每天出车前、行车中、收车后负责进行的日常作业。其作业中心内容是清洁、补给和安全检查，发现问题及时处理。

一级维护：是由维修人员负责的作业。其作业中心内容是除日常维护作业外，以清洁、润滑、紧固为主，并检查制动、转向等安全部位，发现问题及时维修。

二级维护：是由维修人员负责的作业。其作业中心内容是除一级维护作业外，以检查、调整为主，并拆检轮胎，进行轮胎换位。轮胎换位是使各车辆轮胎磨损均匀，延长轮胎使用寿命。常用的换位方法是交叉换位或循环换位。

车辆二级维护前，应进行检测诊断和技术鉴定。根据诊断结果，确定附加作业或小修项目，结合二级维护一并进行。

各级维护作业内容的具体规定，必须根据不同厂牌、车型的结构特征、配件质量、故障规律、使用条件以及经济性等情况综合考虑。一般维护内容要在车辆使用一段时间或过程中及时调整，以确实达到预防为主的目的。

车辆在运行作业过程中，对于因零部件磨损、变形、损伤而不能继续使用产生故障或维护作业中发现的隐患，需要进行必要的修理和排除。车辆的修理应贯彻视情修理的原则，即根据车辆检测诊断和技术鉴定的结果，视情按不同作业范围和深度进行，既要防止延误修理造成车况恶化，又要防止提前修理造成浪费。

车辆的修理包括车辆大修、总成大修、车辆小修和零件修理。目前，车辆使用中的修理作业范围以总成大修、车辆小修为主。

总成大修，如发动机、变速箱、后桥等车辆的总成经过一定时间的使用后，用更换总成零部件的方法，恢复其完好的技术状况，延长使用寿命。

车辆小修，是用修理或更换个别零件的方法，恢复车辆工作的能力，保证车辆技术性能，消除车辆作业中发生的故障或维护作业中发现的隐患。

由于场（厂）内专用机动车辆种类较多，不便逐一叙述，故选取最有代表性的蓄电池叉车、装载机的维护规范进行介绍。

A 叉车的维护

a 日常维护

由驾驶员执行，其规范分为出车前、作业中、作业后3个阶段。

(1) 出车前。

1) 检查报修项目是否完成、合格。

2) 检查行车、刹车制动和转向是否良好、有效。

3) 检查起重链、门架、货叉有无损伤，是否牢固。

4) 检查电动机固定螺栓及防护带是否牢固。

5) 检查减震板螺栓紧固情况。

6) 检查蓄电池组电解液是否充足、各连接线、接线卡头是否紧固。

7) 检查喇叭、灯光及仪表是否正常。

8) 检查控制屏是否清洁、干燥。

9) 检查接触器分离情况及触头表面有无烧灼现象。

10) 检查主令开关对应小凸轮转动角的关合情况是否正确。

11) 检查各液压装置有无滑油，工作是否正常。

12) 检查电气线路各接线有无磨损、短路和松动。

13) 检查各操作手柄是否处于零位或空挡。

14) 检查轮胎气压和胎况。

(2) 作业中。

1) 检查制动，转向机构工作情况。

2) 检查液压系统工作情况。

3) 检查电气控制系统、接触器工作情况。

4) 检查电动机工作是否正常。

5）检查减速器工作是否正常。

6）检查差速器工作是否正常。

7）检查油泵工作是否正常。

8）闻电气线路和电动机有无异味。

（3）作业后。

1）清洁擦洗车辆并检查车辆外露部件。

2）清扫电气控制屏。

3）用抹布蘸5%的碳酸钠或氢氧化铵溶液擦去蓄电池极柱及表面外溅电解液。

4）检查有无漏油、渗漏电解液现象并及时排除。

5）检查蓄电池组电压及电解液密度，并视需要进行充电。

6）检查起重链、货叉、门架、护顶架有无裂纹及损坏。

7）作业中发现的异常现象和检查中发现的故障应及时报修。

b 一级维护

由专业修理工负责，其作业规范如下。

（1）检查紧固车辆全部外露螺栓、螺母。

（2）检查各总成内润滑油液面，视需加添润滑油。

（3）检查控制屏各接头焊接处并进行紧固补焊。

（4）检查接触器触头接触是否良好。

（5）对蓄电池各卡头进行清洁、紧固。

（6）清洁电动机外表及电刷架。

（7）对全车各润滑部位加注润滑油脂。

c 二级维护

由专业修理工负责，除完成一级维护规定的作业项目外，作业规范如下。

（1）检查调整制动系统。

（2）检查调整转向机构。

（3）检查前后轮毂及轮胎，并进行轮胎换位。

（4）调整电动机电刷弹簧压力，紧固刷架、更换轴承润滑油。

（5）检查接触器，调整紧固弹簧、触头、导线等。

（6）检查电气控制屏，紧固、焊牢更换部分电子器件及导线。

（7）检查减速器、联轴节。

(8) 检查蓄电池并进行充电。

(9) 更换各总成内润滑脂。

(10) 检查喇叭、照明及仪表。

(11) 检查起重机构。

B 装载机的维护

a 日常维护

由驾驶员负责，其规范分为出车前、作业中、作业后3个阶段。

(1) 出车前。

1) 检查报修项目是否完成、合格。

2) 检查行车、刹车制动是否良好。

3) 检查转向机构是否灵敏、有效。

4) 检查铲斗的举升及翻转机构工作是否正常。

5) 检查发动机运转是否正常。

6) 检查发动机润滑油、冷却水及蓄电池电解液是否充足。

7) 检查轮胎螺栓紧固情况。

8) 检查轮胎压力是否标准。

9) 检查喇叭、照明及仪表是否正常。

(2) 作业中。

1) 检查制动机构工作是否正常。

2) 检查转向机构工作是否正常。

3) 检查液压系统工作是否正常。

4) 检查铲斗举升及翻转机构的机件有无异常或损坏现象。

5) 检查发动机工作是否正常。

6) 检查变矩器及变速器工作是否正常。

7) 检查差速器及减速器工作是否正常。

8) 检查轮胎螺栓紧固情况。

9) 检查轮胎压力是否标准。

(3) 作业后。

1) 清洁擦洗装载机外部并检查外露部件。

2) 检查液压油路有无漏油现象并排除。

3) 检查各油缸有无漏油现象并排除。

4）检查铲斗的举升及翻转支架有无裂纹及损坏。

5）作业中发现的异常现象和检查中发现的故障应及时报修。

b　一级维护

由专业修理工负责，其作业规范如下。

（1）检查紧固车辆全部外露螺栓、螺母。

（2）检查各总成内润滑油液面，视需要加添润滑油。

（3）清洗空气滤清器、机油滤清器、柴油滤清器和变矩滤清器。

（4）测量并加添蓄电池电解液及清洗表面，蓄电池接头涂薄层凡士林。

（5）检查工作装置、前后车架、副车架各受力焊缝、固定螺栓有无裂缝及松动并排除。

（6）检查轮胎压力是否标准并调整。

（7）对全车各润滑部位加注润滑脂。

c　二级维护

由专业修理工负责，除完成一级维护规定的作业项目外，作业规范如下。

（1）检查调整制动系统。

（2）检查调整转向系统。

（3）拆检前后轮毂及轮胎。

（4）更换发动机润滑油。

（5）更换变速箱、减速器齿轮油。

（6）检查变矩器、变速箱、转向机的工作性能，并排除故障。

（7）更换液压系统工作油，清洗油箱过滤器及油箱底部。

（8）检查工作装置、车架各部焊缝有无裂纹，以及各螺栓紧固情况。

（9）检查轮辋焊缝及各受力部位。

（10）检查喇叭、照明及仪表。

3.8.4 客运索道的安全使用与管理

3.8.4.1 客运索道安全管理组织机构

对于客运索道运营公司的安全管理，其管理者是第一负责人，必须建立健全以管理者为首的，以司机、安全员、钳工、电工、乘务员分级管理和乘客应注意的安全运营的保证体系。同时建立和健全专管成线、群管成网的安全管理组织机构。公司要设立专职的安全管理部门或配备专职安全管理人员，负责相关安全生产制度的建立，贯彻相关法律法规，起草公司相关的规章制度，并落实事故的整改，人员的教育培训以及档案管理等。在公司运营的管理中应包括如下相关制度，各级人员的管理职责、乘客的注意事项、管理机关的定期检验制度、信号系统的检查制度、救护规则、紧急状况的处理措施、故障排除的相应措施、能见度及夜间运营措施、冬天作业的安全防护措施、事故处理代理制度等。

班组的管理是客运索道安全运营的主要保证。班组的管理中要设置专职安全员，协助班组长的安全管理工作。各班组要坚持岗位安全检查、安全值日和安全日活动制度，同时要做好班组的安全记录。班组的安全教育包括班前布置，专业培训和事故后教育相结合的原则，使员工真正从安全运营思想、知识、技能等方面都得到提高，特别是人员的责任心和对社会的使命感教育应相结合。

3.8.4.2 客运索道的操作规程

客运索道运营单位应制定操作程序并包括一些基本的内容。

A 索道作业程序

(1) 索道的操作人员必须持证上岗。

(2) 机电维修人员到岗后，应准备好所用的各种工具，必要的工具要随身携带。

(3) 送电前，各岗位人员应进行客运索道外观检查，发现危险或隐患后应及时排除，检查结束后，通知相关送电人员与司机准备完毕。

(4) 到岗人员要做好相应的上下班交接工作，并填好记录。

(5) 当班送电人员在各岗位准备完毕后，应按送电步骤送电，并观察指示仪表是否正常。待一切正常后，通知司机送电结束。由司机给出警报，通知各岗位送电完毕，此时相关工作人员必须在自己的岗位上。

(6) 机械、电器维修人员按各自日检表项目检查，司机应坚守岗位。当机械维修人员在检查中需司机配合时，可通知司机。禁止站上无工作人员和各控制按钮未进行检查之前进行运送乘客。

(7) 检查完毕后应填写检查记录并签字，由站长、技术副站长签发开车许可证，送达司机室后，方可运营。

(8) 运营前，控制室应电话通知各岗位检查正常，并给出警报，然后进行试运营一圈。一切正常后，通知售票处开始售票。

(9) 停车时的程序与开始运营时的程序相同，并确认无人乘坐后才可停止运营。停车许可证要经站长签字。

（10）司机应填写运营状况，故障处理部分由维护人员进行填写，并详细其内容。

（11）每日中午后，机电人员要各自进行巡检，特别是机械维修人员，应注意油压和设备发热，有无异常声响。

（12）运营结束后，司机应按顺序停机，并通知送电人员按步骤关闭电源，并处理好工具和现场。

（13）运营停止后，机电维修人员应对设备进行全面检查和保修。

B 司机技术安全操作规程

（1）司机必须熟练掌握电气原理图，按设计程序要求开车、停车。并认真填写设备使用记录和运行记录。

（2）开车前，必须给出警报，以便通知相关岗位人员做好工作准备，按照要求运转设备。同时检查各种显示是否正常，各种设备是否处于相应位置和正常工作状态。

（3）凡是与客运索道停车相关的工作，必须保证通信设备的畅通，得到回音后，方可开车，否则严禁开车。

（4）当线路上有人作业时，要关掉电闸，并挂上“有人作业，请勿合闸”标识，同时设专人监管。

（5）索道运营前电话、广播、对讲机及相关监视设备和主机及辅机应处于正常工作状态。

（6）严格执行索道运营的开车签字手续，否则不能运行。

（7）遇有恶劣天气后，应进行全面检查，一切正常后，才可运行。

（8）禁止安全措施不到位或带故障情况下运行。

（9）操作人员必须遵守操作规程，认真操作，并随时报告工作情况，对于影响安全运行的，应及时采取措施。

（10）应做好客运索道的安全运营的宣传，并告知乘客安全注意事项，对于违犯的，应严令制止。

C 维修钳工技术安全操作规程

（1）客运索道运行前要对关键设备及部件进行检查，如转动部位、润滑系统、制动闸、钢丝绳、抱索器、托压索轮组、支架等，一切正常后才可运营。

（2）检查过程中严禁用手触摸和拆卸零件，手或脚不准放在转动或运动部位。

（3）设备进行修理前，应认真检查使用工具和安全保护装置的完好性。索具、吊具必须检验合格才可使用。

（4）检修时，应及时与司机联系，进行反馈，一切安全后，才可进行检修。

（5）钻具的使用要安全，严禁戴手套作业，并遵守相关安全操作规程。

（6）使用砂轮机时，保护措施要齐全，人员要按操作规程进行。

（7）维修钳工要严格履行本工种技术安全操作规程。

（8）高空作业时，要遵守高空作业规程，要有专人监护。

（9）搬运大件和移动关键部件时，必须有专人指挥，并具有安全防护措施，严禁违章作业。

D 电工技术安全操作规程

（1）电工作业前，必须做到持证上岗。

（2）电工作业人员作业前必须配戴好安全保护用品、相关工具等。

（3）作业时严禁带电作业。如需要，应与机修、司机联系。相关电闸要有警示，并设专人监管。

（4）电工作业时，应至少两人。

（5）电工应按时对电器设备和电气系统进行检查，确保线路供电系统和控制系统供电的正常。检查中发现异常，应及时更换。

（6）高空作业时，必须遵守高空安全作业规程。

（7）严禁在恶劣的气候下作业。

（8）维修结束后，要做好其他工作的恢复工作和设备的试运行。

（9）一切正常后，通知配电室供电，并检查、监控。

E 高空作业安全技术操作规程

（1）索道运行中，严禁工作人员和乘客从支架扒乘运载工具，或从运载工具爬到支架上。

（2）作业人员高空作业时，至少两人，严禁一人单独作业。

（3）高空作业人员要携带好通信工具和穿戴劳保用品齐全，并听从地面指挥。安全保护措施要齐全。

（4）在检修客运索道的重要部件及设施时，应安装防护栏、安全网或安全带，并有警示牌。搭设跳板应牢固，随时清除跳板上的油污。

（5）登高时，登高工具要牢靠，工作平台要牢固。

（6）在驱动装置和张紧装置上作业时，应安放坚固的覆盖板和围栏，以防滑倒和踏空坠落。在岩洞、孔、山墙等处作业时，应面向外进行操作，以免失足踏空坠落。

（7）安全带的使用应遵循高挂低用的原则。安全带的拴挂必须选择在牢固、无尖锐棱角无毛刺的构件上，以免安全带被割断而出现人员坠落。

（8）架设人字梯应系好挂环，平滑的地面应设置防滑措施。

（9）登高作业用的工具应放在工具箱内，常用工具系在身上。电工爬电杆、钳工上车厢、行走小车、重锤、重锤导架、井道等，所需材料或工具应牢固结实的绳索传递，禁止来回手抛，以免掉落伤人和损坏工具。

（10）高空作业结束后，应清理现场。

（11）从事高空作业人员应定期体检，对于心脏病、贫血病、深度近视、高血压及有高空不适者，严禁作业。

（12）恶劣天气严禁作业。

（13）高空作业人员要仔细认真，其他人员不能干扰，严禁酒后高空作业。

F 安全检查维护制度

（1）安全工作必须遵循："安全第一，预防为主，综合治理"的方针。当运营与安全矛盾时，首先服从安全。

（2）公司领导要做到不违章指挥，职工做到不违章作业。

（3）机电人员要做到开车前检查，开车时巡检和停车后的检查。

（4）发生事故时要做到，事故原因未查清不放过，事故责任人未处理不放过，防治措施未到位不放过，责任人及员工未受到教育不放过的四原则。

（5）员工要做到管好自己的设备，遵守操作规程，及时修理相关设备。

（6）员工的素质要达到会使用设备，会维护设施及设备，会检查设施及设备故障，会排除相应故障。

（7）检验的工具要齐全，部件要完备，清洁要到位，润滑要及时，一切设施要可靠。

（8）必须坚持按制度进行检修和运行。如站长签字制度，维护保养的记录制度、人员的岗位责任制度、检修保养制度、定期检验和不定期检验制度、探伤制度等。

（9）对于设备应坚持早检制度、巡检制度、坚持司机记录制度、岗位值班制度、签字制度、探伤检查制度、日常安全监督制度、事故汇报制度等。

（10）坚持三级安全教育制度，并有记录。

我们给出的相关规程仅作基本参考，应根据客运索道的特点、管理特点和实际情况拿出适合本单位或公司的安全管理模式，更具有针对性和实用性，以确保公司的经营目标和安全质量管理。根据索道发生安全事故的特点，其中对人员的教育，特别是加强操作者的业务水平、责任心、安全意识以及相关的安全管理水平是避免事故发生的主要因素。除了上述的制度外，对于客运索道的安全运行规则、安全技术档案等管理文件也应完善。

3.8.4.3 客运索道的维护

A 机械系统的维护

客运索道的维护保养是保证客运索道安全运行的重要手段和途径，能充分发挥设备效能，延长设备的使用寿命。索道单位必须建立定期维修保养制度和设备档案，从安装调试到日常的维修、保养，定期检查和大小事故的处理均应记入档案，以便随时掌握客运索道的运行情况，组织相关的人力、物力、财力进行及时的维护，保证设备正常和安全的运营。

客运索道在运营之前必须进行试验，为了了解和验证设备的机械、电器以及综合性能质量是否符合条例、标准的要求，同时也可避免留下隐患，这是保障客运索道安全运行的重要基础工作。试运行的同时也应对土建等工程质量进行检查，并符合相关标准或设计要求。对于试运行，应遵守从部件到组件，从组件到单机主机调试。在单机调试的基础上，进行机组联动试验。索道的无负荷试验，应由安装单位组织进行，相关部门参加；索道的载荷试验，应由建设部门牵头，相关部门参加。试验前应对控制系统、电器部分、机械部分、润滑系统、各组件、通信系统、钢丝绳质量、油压机制动系统、下闸、安全救生装置等进行检查，只有符合要求后，才可进行试验。

根据架空客运索道的特点，将检修分为日巡检、维护保养、月检修、修理和临时检修。按照工作范围的不同，分为小修、中修和大修。其维修周期的长短要根据索道的载荷大小、班次、运行的频率等程度来确定。一般情况下，客运索道的维护保养的期限按如下规定，修理性检查一般为1个月左右，小修时间为6个月，中修时间为1年左右，大修时间为2~5年。具体的检修时间应根据实际的运行情况来定，特别是日常检查后的记录结果，设备的设施及部件以及关键部件的损坏程度进行检修及保养的时间，确保客运索道的安全运行。

B 电器系统安全的日常维护

电气系统的安全是确保传动系统和控制系统正常工作的重要因素，为此对电气系统的维护应做到如下要求。

(1) 电路系统不能随意更改，以防安全设施失效。

(2) 是否是双回路供电。

(3) 索道支架的接地保护方式和接地电阻以及防雷接地的方式和电阻是否符合要求，有无失效状况。一般接地电阻小于5Ω，防雷接地电阻小于30Ω。严禁混用。

(4) 机电设备的绝缘电阻一般不小于0.5MΩ，电机定子绝缘电阻不小于0.5MΩ，转子绝缘电阻不小于0.15MΩ。

(5) 供电系统的紧急断电开关、短路保护、过流保护、欠压及电源切换装置是否正常运行。

(6) 电动机的电刷、整流子、火花等级、接地安全、定子和转子绕组是否符合要求。

(7) 各限位开关、检测用开关、传感器的动作可靠性、位置的固定性、控制间隙的变化及完好性应进行动作试验。

(8) 继电器、接触器、按钮、各种转换开关、手轮等控制电器设施动作的灵活性、可靠性、接地的完好性及灭弧装置等是否完好。

(9) 控制柜内外机电器间配线、连接完整，无松动及氧化。

(10) 控制屏、柜等指示灯、显示装置、声光报警装置应完好。

(11) 调速电阻器内不应有断路、短路、接触不良等，且应清洁。

(12) 通信装置完好，检测设施的电源能量充足及工作状态正常。

(13) 各线路电线、电缆应无老化、断线、短接现象，且标识清楚。

(14) 电器元件的更换尽量采用厂家提供的型号和相同性能的电器元件。

(15) 照明、取暖、制冷设施应完好。

(16) 电器维护时至少应两人，并且停电作业，供电室要有标识和专人管理。

(17) 电器维护用设施、工具应符合要求，人员要持证上岗。

3.8.5 大型游乐设施的安全使用与管理

3.8.5.1 大型游乐设施的安全管理

随着人们生活水平的日益提高和休闲时间的增加，游乐场已成为人们的休闲去处。为了保证乘客的安全，安全管理应始终贯穿于大型游乐设施中，并成为其管理运营的主题。只有坚持“游乐必须安全，安全保证游乐”这一主导思想，才能使游乐业真正为乘客服务。

我国的游乐业发展较晚，但对游乐业的安全管理一直非常重视。我国在大型游乐设施安全管理方面的法律、法规、规范、标准比较完善。在游乐业的初始阶段就制定了《游艺机和游乐设施安全标准》(GB 8408—1987)，后又制定了《游艺机技术条件与试验方法》(ZBY 57008-57014-1989) 和《游艺机通用技术条件》(YS 45-51-1992) 对各类游艺机的技术条件与试验方法进行了规范。为了保证游乐园游艺机和游乐设施的安全运营，预防发生安全事故，为游客提供安全、方便、舒适、高效的服务，又制定了《游乐园（场）安全和服务质量》(GB/T 16767—1997)。贯彻实施这些标准对游乐的安全起到了相当大的促进作用。1994 年 4 月 13 日，由国家技术监督局、建设部、国家旅游局、公安部、劳动部、国家工商行政管理局等联合发布的《游艺机和游乐设施安全监督管理规定》，对设计、生产、制造、销售、采购、安装、验收、运营、管理等各个环节的安全管理进行规范，并列出了其目录。1999 年国务院机构改革后，原国家技术监督局将游艺机和游乐设施纳入特种设备管理，并纳入《特种设备质量监督与安全监察规定》，2003 年 2 月 19 日第 373 号国务院令，正式将其纳入《特种设备安全监察条例》，并在此之前，国家重新修订了《游艺机和游乐设施标准》，形成了安全与通用技术于一体的国家标准《游艺机和游乐设施安全》(GB 8408—2000) 和 GB 18158-18170-2000，对各类游艺机和游乐设施的设计、制造、安装、检验、使用、维护保养、检验测试手段更加明确，更符合安全技术需要。2013 年 8 月 15 日国家质量监督检验检疫总局令第 154 号公布了《大型游乐设施安全监察规定》，自 2014 年 1 月 1 日起施行，为推动大型游乐设施的安全管理提供了法律的依据，并指导相应的监督机构更好地开展安全监督工作，以确保大型游乐设施运行的安全和乘客的安全。

由于游乐设施其直接接触者为人，所以必须对其进行有效的安全管理，确保人们的生命、健康不受损害。首先是设计公司，设计的游乐设施必须以人为本，提高安全系数，加强安全保护装置和安全防范措施，规范制造过程中的各项安全因素，真正使制造企业制造出的产品符合规范的要求。制造企业要有资质和行政许可及制造能力、检验能力等，同时制造过程中要加强采购、质量检验及监督和具备相应的测试手段，本着高质量、重安全的态度来组织生产。国家及地方监检及监督机构要履行职责，认真审核设计、制造的各个环节，保证产品符合相关国家标准，并进行相应的试验。安装、改造、维修单位要经相应国家机构部门的审核，获取许可证的单位才能从事这项工作，同时要有健全的质量管理制度和责任制度及相关人员、技术和测试检验条件。由于大型游乐设施还要涉及土建工程以及涉及游乐设施安装与固定的有关预埋件施工质量，必须符合大型游乐设施设计及建筑工程质量要求，经当地建筑工程质量监督管理部门验收合格。无论是设计、制造、安装、检验、改造、维修、监督检验部门，在工程结束后，都要将原始资料等有关技术文件移交给使用单位存档。

使用单位对大型游乐设施的安全负全面责任。其运营的合法性，安全规章制度的完备性，运行人员的资质、检验手段的完备性，日常维护保养的连续性和制度化，技术档案管理的有效性都对大型游乐设施的安全运营起着决定性的作用。技术档案的管理，使用单位必须建立完整的、准确的游乐设施技术档案，并按规定保存。

使用单位必须建立安全管理体系，明确有关人员的安全职责；健全各项安全管理制度，并予以严格执行。其内容主要包括：作业服务人员守则；安全操作规程；设备管理制度；日常安全检查制度；维修保养制度；定期报检制度；作业人员及相关运营服务人员的安全培训考核制度；紧急救援演习制度；意外事件和事故处理制度；技术档案管理制度。

大型游乐设施使用单位应当设置安全管理机构或者配备专职的取得相应项目《特种设备作业人员证》的安全管理人员。大型游乐设施的安全管理人员应当掌握相关的安全技术知识，熟悉有关游乐设施的法规和标准，对大型游乐设施使用状况进行经常性检查。

大型游乐设施的使用单位应当结合安全技术规范与标准的要求和本单位的实际情况以及从保证游客最大安全的角度来建立大型游乐设施的安全注意事项和警示标志，应位于易于乘客注意的显著位置，以确保正确操作和遵守相应的规章制度，以免发生危害。特别是大型游乐设施的服务工作人员，有义务和责任向乘客讲解相关的安全知识和注意事项，并为乘客提供满意的服务。

3.8.5.2 大型游乐设施的日常维护

大型游乐设施的日常维护是确保大型游乐设施安全运行不可缺少的必要手段。大型游乐设施的日常维护要建立相应的制度，明确相关的责任人员，并建立相应的考核制度、培训制度，特别是人员的技能、责任心更显得重要。同时要健全相应的配套检验设备和设施，更好地为大型游乐设施的安全运营提供保障。

大型游乐设施的使用单位必须严格执行年检、月检、日检制度，经检查发现有异常情况时，必须及时处理，严禁带故障运行。检查应当做好记录，并存档备查。检查的项目应根据大型游乐设施的具体情况采取相应的措施，确保其安全运行。

对使用的游乐设施，每年要进行一次全面检查，必要时要进行载荷试验，并按额定速度进行起升、运行、回转、变速等机构的安全技术性检查，并做好记录。

月检查是对运行开始、结束的控制装置、限速装置、限压装置、防止设备紧急下降的装置、油温控制装置、非常情况时手动运转装置等安全装置进行检查，动力装置传动装置和制动装置进行检查，还要对钢丝绳、链条、锁紧装置、滑轮、乘坐物、安全栅栏、操作室、额定运行速度相应的结构（特别是支架、吊厢等受力装置）等进行检查，此外对电器控制电路与电器元件以及备用电源等进行检查也是非常必要的。

日常检查更显得尤为重要，只有早检查，早发现，早报告，及时修理，才能真正的防患于未然。每日投入运营前的检查，是非常重要的，并做好运营前的记录。日常检查要对控制装置、限速装置、制动装置、支架装置、重缺陷项目、安全装置等进行彻底的检查，特别是运行的是否正常，有无异常震动和噪声来判断能否正常运行。对于易磨损件，要建立日常记录，并做好备品备件，对于不符合要求的，要及时更换。对于门连锁开关和安全带等的完好性要进行经常性检查，润滑部位的检查和添加润滑油也是日常工作中的重要一项任务，特别是重要部位（如轨道、车轮、滚动轴、销轴、焊接结构、受拉力和剪切力的部位以及冲击力的设备）更应做好日常检验和维护，为游客的安全提供有效的保障。

对于大型游乐设施，在用的大型游乐设施定期检验周期为 1 年，使用 20 年以上的设备，定期检验周期为 6 个月。所以，定期申请报检也是安全工作中的重要一环。

参 考 文 献

[1] 蒋军成，王志荣．工业特种设备安全［M］．2版．北京：机械工业出版社，2019.
[2] 金樟民，金仲平，马舜．机电类特种设备实用技术［M］．北京：机械工业出版社，2018.
[3] 杨申仲，李秀中，杨炜．特种设备管理与事故应急预案［M］．北京：机械工业出版社，2012.
[4] 张斌，蔡艳，陆春荣．特种设备安全技术［M］．北京：化学工业出版社，2015.
[5] 张万岭．特种设备安全［M］．北京：中国计量出版社，2005.
[6] 业成．特种设备应急处置技术指南［M］．北京：化学工业出版社，2017.
[7] 国家质量监督检验检疫总局，特种设备事故调查处理中心．特种设备事故应急与调查处理（机电类分册）［M］．北京：中国标准出版社，2012.
[8] 文应财．特种设备安全管理［M］．贵阳：贵州科技出版社，2017.
[9] 邱恒俊．特种设备安全监察工作实用手册［M］．2版．北京：中国质检出版社，2013.
[10] 北京铁路局．特种设备基础知识与安全操作［M］．北京：中国铁道出版社，2014.
[11] 国家质检总局特种设备安全监察局．特种设备安全监察工作历程［J］．劳动保护，2008（10）：32-34.